学看 *XUEKAN*
建筑工程施工图丛书
JIANZHU GONGCHENG SHIGONGTU CONGSHU

U0246663

建筑电气施工图

（第二版）

主编 | 乐嘉龙　参编 | 黄峰 王有根

中国电力出版社
CHINA ELECTRIC POWER PRESS

内 容 提 要

本书是学看建筑工程施工图丛书之一。内容主要包括学看建筑电气施工图,学看建筑电气的基本系统图、电气照明图、供配电系统图,以及了解电气图形符号的应用,电气图的一般规则等。为便于读者学习和掌握所学的内容,书末附有电气工程施工图实例与识图点评,有很强的实用性和针对性。

本书可作为从事建筑施工技术入门人员学习建筑施工图的学习指导书,也可供建筑行业其他工程技术人员及管理人员参考。

图书在版编目(CIP)数据

学看建筑电气施工图 / 乐嘉龙主编. —2 版. —北京:中国电力出版社,2018.3
(学看建筑工程施工图丛书)
ISBN 978-7-5198-1625-4

Ⅰ. ①学… Ⅱ. ①乐… Ⅲ. ①建筑工程-电气施工-建筑制图-识图法 Ⅳ. ①TU85

中国版本图书馆 CIP 数据核字(2017)第 322163 号

出版发行:中国电力出版社
地　　址:北京市东城区北京站西街 19 号(邮政编码 100005)
网　　址:http://www.cepp.sgcc.com.cn
责任编辑:乐　苑
责任校对:常燕昆
装帧设计:王红柳
责任印制:杨晓东

印　　刷:三河市百盛印装有限公司
版　　次:2002 年 2 月第一版　2018 年 3 月第二版
印　　次:2018 年 3 月北京第八次印刷
开　　本:787 毫米×1092 毫米　16 开本
印　　张:9.25
字　　数:222 千字
定　　价:39.00 元

前　言

　　图纸是工程技术人员共同的语言。了解施工图的基本知识和看懂施工图纸，是参加工程施工的技术人员应该掌握的基本技能。随着我国经济建设的快速发展，建筑工程的规模也日益扩大。刚参加工程建设施工的人员，尤其是新的从业建筑工人，迫切需要了解房屋的基本构造，看懂建筑施工图纸，为实施工程施工创造良好条件。

　　为了帮助工程技术人员和建筑工人系统地了解和掌握识图的方法，我们组织编写了《学看建筑工程施工图丛书》。本套丛书包括《学看建筑施工图》《学看建筑结构施工图》《学看钢结构施工图》《学看给水排水施工图》《学看暖通空调施工图》《学看建筑装饰施工图》《学看建筑电气施工图》。本套丛书系统介绍了工程图的组成、表示方法，施工图的组成、编排顺序和看图、识图要求等，同时也收录了有关规范和施工图实例，还适当地介绍了有关专业的基本概念和专业基础知识。

　　《学看建筑工程施工图丛书》第一版出版已经有十几年，受到了广大读者的关注和好评。近年来各种专业的国家标准不断更新，设计制图也有了新的要求。为此，我们对这套书重新校核进行了修订，增加了对现行制图标准的注解以及新的知识和图解，以期更好地满足读者对于识图的需求。

　　限于时间和作者水平，疏漏和不妥之处在所难免，恳请广大读者批评指正。

编者

2018 年 2 月

第一版前言

　　图纸是工程技术人员的共同语言。了解施工图的基本知识和看懂施工图纸，是参加工程施工的技术人员必须掌握的基本技能。随着改革开放和经济建设的发展，建筑工程的规模也日益扩大。对于刚参加工程建筑施工的人员，尤其是新的建筑工人，迫切希望了解房屋的基本构造，看懂建筑施工图纸，学会这门技术，为实施工程施工创造良好的条件。

　　为了帮助建筑工人和工程技术人员系统地了解和掌握识图、看图的方法，我们组织了有关工程技术人员编写了《学看建筑工程施工图丛书》，本套丛书包括《学看建筑施工图》、《学看建筑结构施工图》、《学看建筑装饰施工图》、《学看给水排水施工图》、《学看暖通空调施工图》、《学看建筑电气施工图》。本丛书系统介绍了工程图的组成、表示方法，施工图的组成、编排顺序和看图、识图要求等，同时也收录了有关规范和施工图实例，还适当地介绍了有关专业的基本概念和专业基础知识。

　　书中列举的看图实例和施工图，均选自各设计单位的施工图及国家标准图集。在此对有关设计人员致以诚挚的感谢。为了适合读者阅读，作者对部分施工图做了一些修改。

　　限于编者水平，书中难免有错误和不当之处，恳请读者给予批评指正，以便再版时修正。

编者

目　录

第一章

建筑电气施工图概述

第一节 有关电气施工图的一般规定

随着现代建筑、高层建筑和建筑施工电气化、自动化技术的迅速发展，各种先进的机电设备、电子电气设备等得到了广泛应用，并且成为现代建筑和施工先进性的标志之一。建筑电气设计与施工已经成为土木、建筑的工程技术人员必须掌握的专业基础技术知识。

房屋建筑中，住宅建筑、高层建筑和商业办公建筑都要安装许多电气设施，如照明灯具、电源插座、电视、电话、网络消防控制装置、各种工业与民用的动力装置、控制设备及避雷装置等。每一项电气工程或设施，都需要经过专门设计表达在图纸上，这些有关的图纸就是电气施工图（也叫电气安装图）。在建筑施工图中，它与给排水施工图、采暖通风施工图一起，列为设备施工图。电气施工图按"电施"编号。

上述各种电气设施，表达在图中，主要包括两个内容：一是供电、配电线路的规格与敷设方式；二是各类电气设备及配件的选型、规格及安装方式。而导线、各种电气设备及配件等本身，在图纸中多数不是用其投影，而是用国际规定的图例、符号及文字表示，标绘在按比例绘制的建筑物各种投影图中（系统图除外），这是电气施工图的一个特点。

常见的电气施工图的类型有如下几种：

（1）供电总平面图。它是指在一个建筑小区（街坊）或厂区的总平面图中，标有变（配）电所的容量、位置，通向各用电建筑物的供电线路的走向、线型与数量、敷设方法、电线杆、路灯、接地等位置及做法的图。

（2）变配电室的电力平面图。它是指在变电室建筑平面图中，用与建筑图同一比例，绘出高低压开关柜、变压器、控制盘等设备的平面排列布置的图。

（3）室内电力平面图。它是指在一幢建筑的平面图中，各种电力工程（如照明、动力、电话、网络等）的线路走向、型号、数量、敷设位置及方法、配电箱、开关等设备位置的布置图。

（4）室内电力系统图。它不是投影图，而是用图例的符号示意性地概括说明整幢建筑的供电系统的来龙去脉的。

（5）避雷平面图。它是在建筑屋顶平面图上，用图例符号画出避雷带、避雷网的敷设平面图。

本章主要介绍室内电力平面图及系统图的图示内容及画法、读法。

一、绘图比例

一般地，各种电气的平面布置图，使用与相应建筑平面图相同的比例。在这种情况下，如需确定电气设备安装的位置或导线长度时，可在图上用比例尺直接量取。

与建筑图无直接连系的其他电气施工图，可任选比例或不按比例示意性地绘制。

二、图线使用

电气施工图的图线，其线宽应遵守建筑工程制图标准的统一规定，其线型与统一规定基本相同。各种图线的使用如下：

（1）粗实线（b）：电路中的主回路线。

（2）虚线（0.35b）：事故照明线，直流配电线路、钢索或屏蔽等，以虚线的长短区分用途。

（3）点画线（0.35b）：控制及信号线。

（4）双点画线（0.35b）：50V及以下电力、照明线路。

（5）中粗线（0.5b）：交流配电线路。

（6）细实线（0.35b）：建筑物的轮廓线。

三、图例符号

建筑电气施工图中，包含大量的电气符号。电气符号包括图形符号、电工设备文字符号和电工系统图的回路标号三种。

1. 图形符号

在建筑电气工程的施工图中，常用的电器图形符号见表1-1。

表1-1　　　　　　　　　　　　　　　电气工程中常用电器图例

图　例	名　称	说　明	图　例	名　称	说　明
	控制屏、控制台	配电室及进户线用的开关柜		接地、重复接地	
	电力配电箱（板）	画在 墙外为明装 墙内为暗装 除 注明外下皮距地 $\frac{1.2}{1.4}$ m		二极开关	二极自动空气断路器
	照明配电箱（板）	画在 墙外为明装 墙内为暗装 除 注明外下皮距地 $\frac{2.0}{1.4}$ m		三极开关	三极自动空气断路器
	事故照明配电箱（板）	画在 墙外为明装 墙内为暗装 除 注明外下皮距地 $\frac{1.2}{1.4}$ m		熔断器	除注明外均为RCIA型瓷插式熔断器
	多种电源配电箱（板）			交流配电线路	铝芯导线时为2根 铜 2.5 mm^2，注明者除外 1.5
	母线和干线			交流配电线路	3根导线
	接地或接零线路			交流配电线路	4根导线
	接地装置（有接地极）			交流配电线路	5根导线

图 例	名 称	说 明	图 例	名 称	说 明
⫬⫬⫬⫬⫬	交流配电线路	6根导线		暗装单相二线插座	
	壁灯		⟋↑	拉线开关（单相二线）	拉线开关 250V、6A
	吸顶灯（天棚灯）			暗装单极开关（单相二线）	跷板式开关 250V、4A
⟡	墙上灯座（裸灯头）			暗装双控开关（单相三线）	跷板式开关 250V、6A
⊗	灯具一般符号			管线引向符号	引上、引下、由上引来、由下引来
⊢⊣	单管荧光灯	每管附装相应容量的电容器和熔断器		管线引向符号	引上并引下、由上引来再引下、由下引来再引上
	明装单相二线插座	250V、5A，距地按设计图			

2. 电工设备文字符号

电工设备文字符号是用来标明系统图和原理图中设备、装置、元（部）件及线路的名称、性能、作用、位置和安装方式的。

文字符号除电阻（器）"R"、电感"L"、电容（器）"C"采用国际惯用的基本符号外，其余均使用我国汉字拼音字母。

文字符号的组合格式有两种：

第一种组合格式主要是用于电力工程图纸，以及电信工程图纸上的装置和设备，组合格式如下：

$$\boxed{\text{数字符号}} \quad \boxed{\text{辅助符号}} \quad \boxed{\text{基本符号}} \quad \boxed{\text{附加符号}}$$

例如，当有变压器数台，为安装方便给它编号，1号变压器、2号变压器、3号变压器等，用组合符号表示就是：1B、2B、3B，1、2、3是数字符号，B是基本符号。又如，第五个连锁继电器的释放线圈，用组合格式表示为5LSJsf，5是第五个，为数字符号，LS是连锁，为辅助符号，J是继电器，为基本符号，sf是释放线圈，为附加符号。

第二种组合格式，主要用于电信工程图上的元（部）件。格式颠倒过来，即附加符号、基本符号、辅助符号、数字符号。

在电力平面图中标注的文字符号规定为：

（1）在配电线路上的标号格式。

$$a-b(c×d+c×d)e-f$$

式中　a——回路编号；

　　　b——导线型号；

　　　c——导线根数；

　　　d——导线截面；

　　　e——敷设方式及穿管管径；

　　　f——敷设部位。

表达线路敷设方式的代号有：

GBVV——用轨型护套线敷设；

　VXC——用塑制线槽敷设；

　VG——用硬塑制管敷设；

　VYG——用半硬塑制管敷设；

　KRG——用可挠型塑制管敷设；

　DG——用薄电线管敷设；

　G——用厚电线管敷设；

　GG——用水煤气钢管敷设；

　GXC——用金属线槽敷设。

表达线路明、暗敷设部位的代号有：

　　　S——沿钢索敷设；

LM、LA——沿屋架或屋架下弦敷设、暗设在梁内；

ZM、ZA——沿柱敷设、暗设在柱内；

QM、QA——沿墙敷设、暗设在墙内；

PM、PA——沿天棚敷设、沿顶暗敷设；

　　　DA——暗设在地面内或地板内；

　PNM——在能进入的吊顶棚内敷设；

　PNA——暗设在不能进入的吊顶内。

例如，在施工图中，某配电线路上标有这样的写法：2-BV（3×16+1×4）DG32-PA，2表明第二回路，BV 是铜芯导线，3 根 16mm^2 加上 1 根 4mm^2 截面的导线，DG 是薄电线管，四根导线穿管径为 32mm 的薄电线管，PA 是暗设在屋面内或顶棚板内。

（2）对照明灯具的表达方式。

$$a-b\ \frac{c×d}{e}f$$

式中　a——灯具数；

　　　b——型号；

　　　c——每盏灯的灯泡数或灯管数；

　　　d——灯泡容量，W；

　　　e——安装高度，m；

　　　f——安装方式。

表示灯具安装方式的代号有：

X——自在器线吊式；

X$_1$——固定线吊式；

X$_2$——防水线吊式；

L——链吊式；

G——管吊式；

B——壁装式；

D——吸顶式；

R——嵌入式。

一般灯具标注，常不写型号，如 $6\dfrac{40}{2.8}$L，表示 6 个灯具，每盏灯为一个灯泡或一个灯管，容量为 40W，安装高度为 2.8m，链吊式。吊灯的安装高度是指灯具底部与地面的距离。

另外，常用物理量和单位符号及电工设备的文字符号，见表 1-2 和表 1-3。

表 1-2 　　　　　　　　　　　常用电工物理量和单位的符号

物理量符号	物理量名称	单位名称	单位符号	物理量符号	物理量名称	单位名称	单位符号
I	电　流	安培	A	U	电　压	伏特	V
R	电　阻	欧姆	Ω	L	电　感	亨利	H
C	电　容	法拉	F	X	电　抗		
Z	阻　抗	欧姆	Ω	P	有功功率	瓦特	W
S	视在功率	伏安	VA	Q	无功功率	乏	var

表 1-3 　　　　　　　　　　　常用电工设备和文字符号新旧对照表

设备名称	新符号	旧符号	设备名称	新符号	旧符号
发 电 机	G	F	变 压 器	T	B
电 动 机	M	D	电压互感器	TV	YH
电流互感器	TA	LH	接 触 器	KM	C
开 关	Q	K	断 路 器	QF	DL
负 荷 开 关	QL	FK	隔 离 开 关	QS	GK
自 动 开 关	ZK	ZK	控 制 开 关	SA	KK
切 换 开 关	SA	QK	熔 断 器	FU	RD
按 钮	S	AN	电流继电器	KA	LJ
电压继电器	KV	YJ	信号继电器	KS	XJ
绿色信号灯	HG	LD	红色信号灯	HR	HD
黄色信号灯	HY	UD	闪光信号灯	SH	SD
信 号 灯	H	XD	整 流 器	U	ZL
避 雷 器	F	BL			

第二节 电气施工图的分类

电气施工图是建筑施工图的一个组成部分，它以统一规定的图形符号辅以简单扼要的文字说明，把电气设计内容明确地表示出来，用以指导建筑电气的施工。电气施工图是电气施工的主要依据，它是根据国家颁布的有关电气技术标准和通用图形符号绘制的。

识别国家颁布的和通用的各种电气元件的图形符号，掌握建筑物内的供电方式和各种配线方式，了解电气施工图的组成是进行电气安装施工的前提。

电气施工图一般包括首页、电气外线总平面图、电气平面图、电气系统图、设备布置图、电气原理接线图和详图等。

（1）首页。首页的内容有图纸目录、图例、设备明细表和施工说明等。小型电气工程施工图图纸较少，首页的内容一般并入到平面图或系统图内以做简要说明。

（2）电气外线总平面图。电气外线总平面图是根据建筑总平面图绘制的变电所、架空线路或地下电缆位置并注明有关施工方法的图样。

（3）电气平面图。电气平面图是表示各种电气设备与线路平面布置的图纸，它是电气安装的重要依据。

（4）电气系统图。电气系统图是概括整个工程或其中某一工程的供电方案与供电方式并用单线连接形式表示线路的图样。它比较集中地反映了电气工程的规模。

（5）设备布置图。设备布置图是表示各种电气设备的平面与空间的位置、安装方式及其相互关系的图纸。

（6）电气原理接线图（或称控制原理图）。电气原理图是表示某一具体设备或系统的电气工作原理图。

（7）详图。详图亦称大样图。详图一般采用标准图，主要表明线路敷设、灯具、电器安装及防雷接地、配电箱（板）制作和安装的详细做法和要求。

电气平面图是电气安装的重要依据，它是将同一层内不同高度的电器设备及线路都投影到同一平面上来表示的。

平面图一般包括变配电平面图、动力平面图、照明平面图、防雷接地平面图及弱电（电话、网络）平面图等。照明平面图实际就是在建筑施工平面图上绘出的电气照明分布图，图上标有电源实际进线的位置、规格、穿线管径，配电箱的位置，配电线路的走向、干支线的编号、敷设方法，开关、插座、照明器具的种类、型号、规格、安装方式和位置等。一般照明线路走向是电源从建筑物某处进户后，经总配电箱和分配电箱，由干线、支线连接起来，通向各用电设备。其中干线是由外线引入总配电箱及由总配电箱到分配电箱的连接线，支线是自分配电箱引至各用电设备的导线。图 1-1 是底层照明图。图中电源由二楼引入，用两根 BLX 型（耐压 500V）截面积为 6mm^2 的电线，穿 VG20 塑料管沿墙暗敷，由配电箱引三条供电回路 N1、N2、N3 和一条备用回路。N1 回路照明装置有 8 套 YG 单管 1×40W 日光灯，悬挂高度距地 3m，悬吊方式为链（L）吊，2 套 YG1 曝光灯为双管 40W，悬挂高度距地 3m，悬挂方式为链（L）吊，日光灯均装有对应的开关。带接地插孔的单箱插座有 5 个。N2 回路与 N1 回路相同。N3 回路装有 3 套 100W、

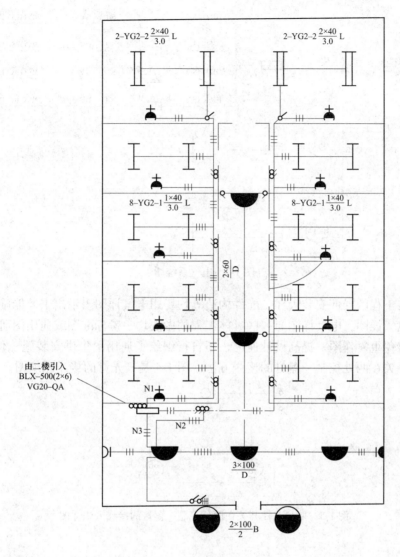

$2\text{-}YG2\text{-}2\dfrac{2\times40}{3.0}L$ $2\text{-}YG2\text{-}2\dfrac{2\times40}{3.0}L$

$8\text{-}YG2\text{-}1\dfrac{1\times40}{3.0}L$ $8\text{-}YG2\text{-}1\dfrac{1\times40}{3.0}L$

$\dfrac{2\times60}{D}$

由二楼引入
BLX–500(2×6)
VG20–QA

N1

N3   N2

$\dfrac{3\times100}{D}$

$\dfrac{2\times100}{2}B$

图 1-1 底层照明平面图

2 套 60W 的大棚灯和 2 套 100W 壁灯，灯具装有相应的开关，带接地插孔的单相插座有 2 个。

电气系统图分为电力系统图、照明系统图和弱电（电话、网络等）系统图。电气系统图上标有整个建筑物内的配电系统和容量分配情况、配电装置、导线型号、截面、敷设方式及管径等。图 1-2 是电气系统图。图 1-2 表明，进户线用 4 根 BLX 型、耐压为 500V、截面积为 16mm² 的电线从户外电杆引入。三根相线接三刀单投胶盖开关（规格为 HK1-30/3），然后接三个插入式熔断器（规格为 RC1A-30/25）。再将 A、B、C 三相各带一根零线引到分配电盘。A 相到达底层分配电盘，通过双刀单投胶盖开关（规格为 HK1-15/2），接入插入式熔断器（规模为 RC1A-15/15），再分 N1、N2、N3 和一个备用支路，分别通过规格为 HK1-15/2 的双刀单投胶盖开关和规格为 RC1A-10/4 的熔断器，各线路用直径为 15mm 的软塑管沿地板墙暗敷。管内穿三根截面为 1.5mm² 的铜芯线。

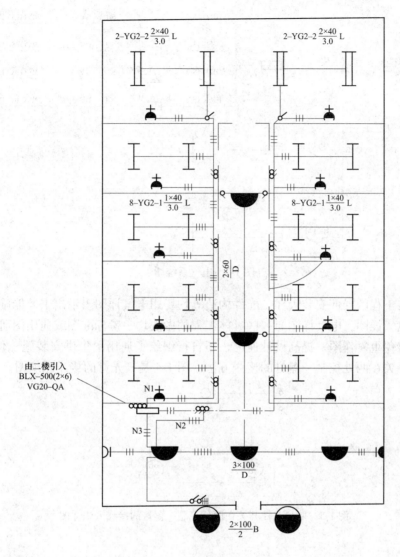

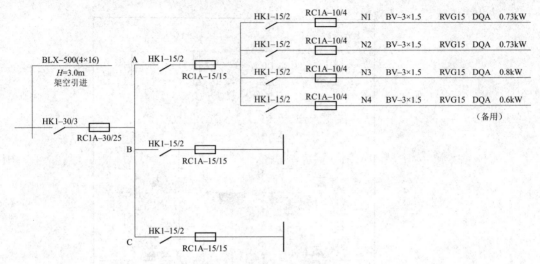

图 1-2　电气系统图

　　电气安装工程的局部安装大样、配件构造等均要用电气详图表示出来才能施工。一般施工图不绘制电气详图，电气详图与一些具体工程的做法均参考标准图或通用图册施工。有些设计单位为避免重复作图，提高设计速度，还自行编绘了通用图集供安装施工使用。图 1-3 是两只双控开关在两处控制一盏灯的接线方法。图 1-4 是日光灯的接线原理图。

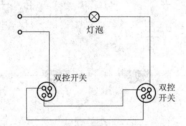

图 1-3　两只双控开关在两处控制一盏灯的接线方法详图

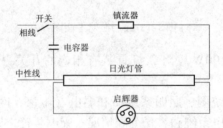

图 1-4　日光灯接线原理图

第二章

建筑电气施工图

第一节 建筑电气施工图的组成与特点

一、建筑电气施工图的组成

建筑电气施工图的图样一般有电气设计说明、电气总平面图、电气系统图、电气平面布置图、电路图、接线图、安装大样图、电缆清册、图例及设备材料表等，具体内容见表2-1。

表2-1 建筑电气施工图的组成

名称	内　　容
电气设计说明	电气设计说明主要标注图中交代不清或没有必要用图表示的要求、标准、规范等
电气总平面图	电气总平面图是在建筑总平面图上表示电源及电力负荷分布的图样，主要表示各建筑物的名称或用途、电力负荷的装机容量、电气线路的走向及变配电装置的位置、容量和电源进户的方向等。通过电气总平面图可了解该项工程的概况，掌握电气负荷的分布及电源装置等。一般大型工程都有电气总平面图，中小型工程则由动力平面图或照明平面图代替
电气系统图	电气系统图是用单线图表示电能或电信号按回路分配出去的图样，主要表示各个回路的名称、用途、容量以及主要电气设备、开关元件及导线电缆的规格型号等。通过电气系统图可以知道该系统的回路个数及主要用电设备的容量、控制方式等。建筑电气工程中系统图用处很多，动力、照明、变配电装置，通信广播，电缆电视，火灾报警，防盗保安等都要用到系统图
电气平面布置图	电气平面布置图是在建筑物的平面图上标出电气设备、元件、管线实际布置的图样，主要表示其安装位置、安装方式、规格型号数量及防雷装置、接地装置等。通过平面图可以知道每幢建筑物及其各个不同的标高上装设的电气设备、元件及其管线等
电路图	电路图人们习惯称为控制原理图，它是单独用来表示电气设备和元件控制方式及其控制线路的图样，主要表示电气设备及元件的启动、保护、信号、连锁、自动控制及测量等。通过控制原理图可以知道各设备元件的工作原理、控制方式，掌握建筑物的功能实现方法等
接线图	接线图是与电路图配套的图样，用来表示设备元件外部接线以及设备元件之间接线。通过接线图可以知道系统控制的接线方式和控制电缆、控制线的走向及其布置等。动力、变配电装置、火灾报警、防盗保安、电梯装置等都要用到接线图。一些简单的控制系统一般没有接线图
安装大样图	安装大样图一般是用来表示某一具体部位或某一设备元件的结构或具体安装方法的图样，通过大样图可以了解该项工程的复杂程度。一般非标准的配电箱、控制柜等的制作安装都要用到大样图，大样图通常均采用标准通用图集。其中剖面图也是大样图的一种

名称	内　容
电缆清册	电缆清册是用表格的形式来表示该系统中电缆的规格、型号、数量、走向、敷设方法、头尾接线部位等内容的图样，一般使用电缆较多的工程均有电缆清册，而简单的工程通常没有电缆清册
图例	图例是用表格的形式列出该系统中使用的图形符号或文字符号，其目的是使读图者容易读懂图样
设备材料表	设备材料表一般都要列出系统主要设备及主要材料的规格、型号、数量、具体要求或产地。但是表中的数量一般只作为概算估计数，不作为设备和材料的供货依据

二、建筑电气施工图的特点

（1）建筑电气施工图大多是采用统一的图形符号并加注文字符号绘制而成的。图形符号和文字符号就是构成电气工程语言的"词汇"。因为构成建筑电气工程的设备、元件、线路很多，结构类型不一，安装方式各异，只有借用统一的图形符号和文字符号来表达才比较合适。所以，绘制和阅读建筑电气工程图，首先就必须明确和熟悉这些图形符号所代表的内容和含义，以及它们之间的相互关系。

（2）建筑电气施工图反映的是电工、电子电路的系统组成、工作原理和施工安装方法。分析任何电路都必须使其构成闭合回路，只有构成闭合回路，电流才能够流通，电气设备才能正常工作。一个电路的组成，包括四个基本要素，即电源、用电设备、导线和开关控制设备。因此要真正读懂图纸，还必须了解设备的基本结构、工作原理、工作程序、主要性能和用途等。

（3）电路中的电气设备、元件等，彼此之间都是通过导线连接起来的，构成一个整体的电气通路，导线可长可短，能够比较方便地跨越较远的空间距离。正因为如此，电气工程图有时就不像机械工程图或建筑工程图那样表达内容比较集中、直观，有时电气设备安装位置在 A 处，而控制设备的信号装置、操作开关则可能在 B 处。这就要将各有关的图纸联系起来，对照阅读。一般而言，应通过系统图、电路图找联系；通过平面布置图、接线图找位置；交错阅读，这样读图效率才可以提高。

（4）建筑电气工程施工往往与主体工程（土建工程）及其他安装工程（给排水管道、工艺管道、采暖通风等安装工程）施工相互配合进行。

（5）阅读电气工程图的一个主要目的是用来编制施工方案和工程预算，指导工程施工，指导设备的维修和管理。而一些安装、使用、维修等方面的技术要求不能在图纸中完全反映出来，而且也没有必要——标注清楚，因为这些技术要求在有关的国家标准和规范、规程中都有明确的规定，所以有的建筑电气施工图对于安装施工要求仅在说明栏内标注"参照××规范"的说明。因此在读图时，还应了解、熟悉有关规程规范的要求。

第二节　建筑电气施工图的识读方法

阅读建筑电气施工图，不但要掌握电气施工图的一些基本知识，还应按合理的次序看图，才能较快地看懂电气施工图。建筑电气施工图识读的方法见表2-2。

表2-2　　　　　　　　　　　　　　建筑电气施工图的识读方法

步骤	识 读 方 法
看图纸目录、图例、施工说明和设备材料明细表	首先要看图纸目录、图例、施工说明设备材料明细表。了解过程名称、项目内容、图形符号，以及工程概况、供电电源的进线和电压等级、线路敷设方式、设备安装方法、施工要求等注意事项
熟悉国家统一的图形、文字符号	要熟悉国家统一的图形符号、文字符号和项目代号。构成电气工程的设备、元件和线路很多，结构类型各异，安装方法不同，在电气施工图中，设备、元件和线路的安装位置和安装方式是用图形符号、文字符号和项目代号来表达的。因此，阅读电气施工图一定要掌握大量的图形符号、文字符号，并理解这些符号所代表的具体内容与含义，以及它们之间的相互关系。从文字符号、项目代号中了解电气设备、元件的名称、性能、特征、作用和安装方式
了解图纸所用标准	要了解图纸所用的标准，任何一个国家都有自己的国家标准，设计院采用的图例也并不一致。看图时，首先要了解本套图纸采用的标准是哪一个国家的，图例有什么特点，如"BS"为英国国家标准，"ANSI"为美国国家标准，"IEC"为国际电工委员会标准，"GB"为我国国家标准。其他的还有部级标准、企业标准，如"JG"为建筑工业标准，"DL"为电力工业标准
了解安装图册和国家规范	电气施工图示是用来准备材料，组织施工，指导施工的。而一些安装、接线及调试的技术要求在图纸上不能完全反映出来，也没有必要一一说明，因为某些技术要求在国家标准和规范中做了明确规定，国家也有专门的安装施工图集。因此，在电气工程图中一般写明"参照××规范，××图集"，所以还必须了解安装施工图册和国家规范
掌握看图顺序，图纸要结合着看	看电气施工图时各种图纸要结合起来看，并注意一定的顺序，一般来说，看图顺序是施工说明、图例、设备材料明细表、系统图、平面图和原理图等。从施工说明了解过程概况，本套图纸所用的图形符号，该工程所需的设备、材料的型号、规格和数量。电气工程不像机械工程那样集中，电气施工中，电源、控制开关和电气负载是通过导线连接起来的，比较分散，有的电气设备装在A处，而其控制设备安装在B处。所以看图时，平面图和系统图要结合起来看，电气平面图找位置，电气系统图找联系。安装接线图与电气原理图结合起来看，安装接线图找接线位置，电气原理图分析工作原理
掌握图纸的相互关系	电气施工要与土建工程及其他工程配合进行。电气设备的安装位置与建筑物的结构有关，线路的走向不但与建筑结构（柱、梁、门窗）有关，还与其他管道、风管的规格、用途、走向有关。安装方法与墙体、楼板材料有关，特别是暗敷线路，更与土建密切相关。所以看图时还必须查看有关土建图和其他工程图，了解土建工程和其他工程对电气工程的影响，掌握各种图纸的相互关系

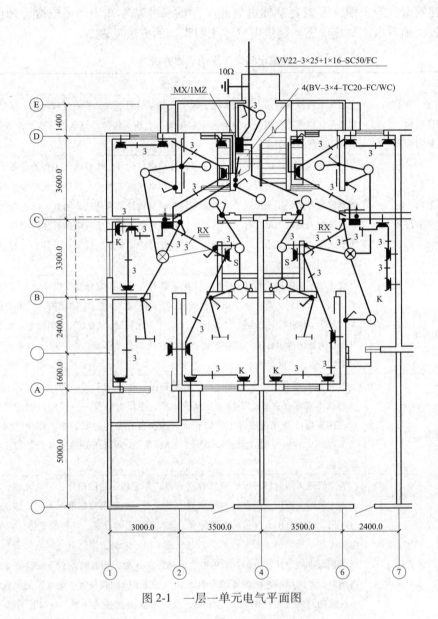

图 2-1 一层一单元电气平面图

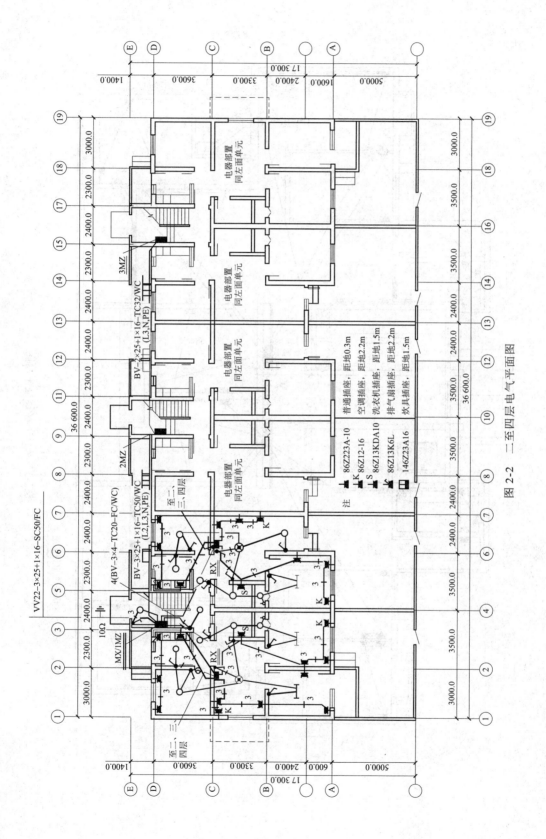

图 2-2 二至四层电气平面图

注 普通插座，86Z223A-10 距地 0.3m
K 空调插座，86Z12-16 距地 2.2m
S 洗衣机插座，86Z13KDA10 距地 1.5m
排气扇插座，86Z13K6L 距地 2.2m
炊具插座，146Z23A16 距地 1.5m

VV22-3×25+1×16-SC50/FC

4(BV-3×4-TC20-FC/WC)

BV-3×25+1×16-TC50/WC
(L2,L3,N,PE)

BV-2×25+1×16-TC32/WC
(L3,N,PE)

电器部置
同左面单元

电器部置
同左面单元

电器部置
同左面单元

电器部置
同左面单元

电器部置
同左面单元

至三、四层

至二、四层

至二、三层

3MZ

2MZ

MX/1MZ

10Ω

RX

RX

S

S

K

K

K

K

17 300.0

36 600.0

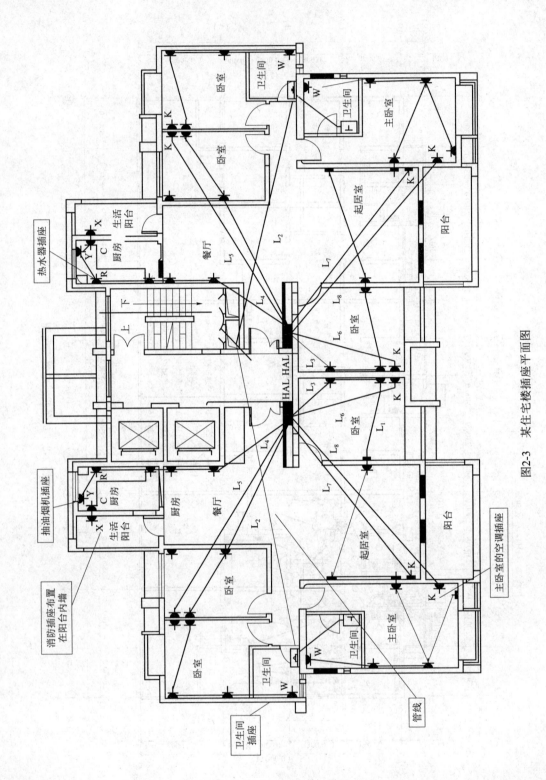

图2-3　某住宅楼插座平面图

热水器插座

抽油烟机插座

消防插座布置在阳台内墙

卫生间插座

主卧室的空调插座

管线

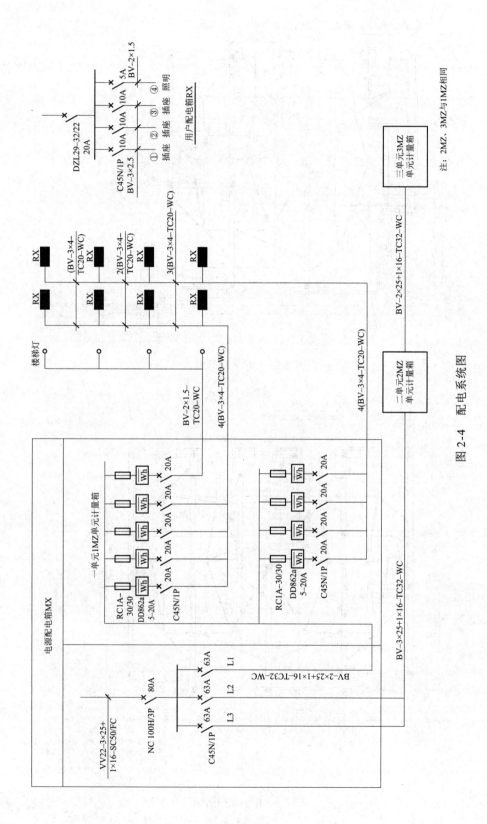

图 2-4 配电系统图

注：2MZ、3MZ与1MZ相同

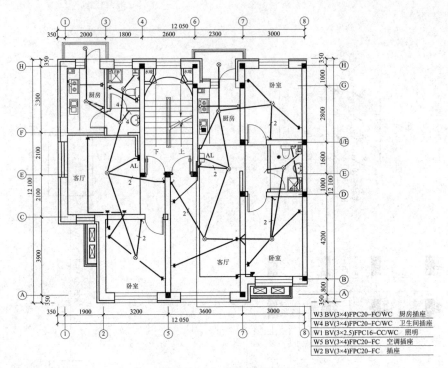

W3 BV(3×4)FPC20–FC/WC	厨房插座
W4 BV(3×4)FPC20–FC/WC	卫生间插座
W1 BV(3×2.5)FPC16–CC/WC	照明
W5 BV(3×4)FPC20–FC	空调插座
W2 BV(3×4)FPC20–FC	插座

图 2-5　A 单元照明图

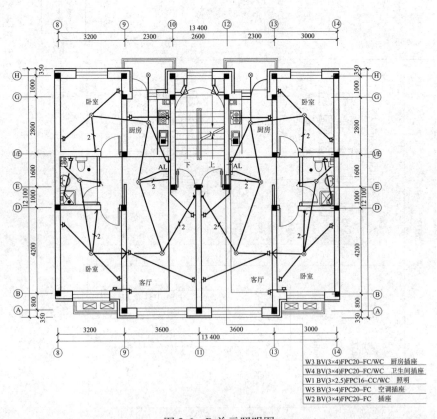

W3 BV(3×4)FPC20–FC/WC	厨房插座
W4 BV(3×4)FPC20–FC/WC	卫生间插座
W1 BV(3×2.5)FPC16–CC/WC	照明
W5 BV(3×4)FPC20–FC	空调插座
W2 BV(3×4)FPC20–FC	插座

图 2-6　B 单元照明图

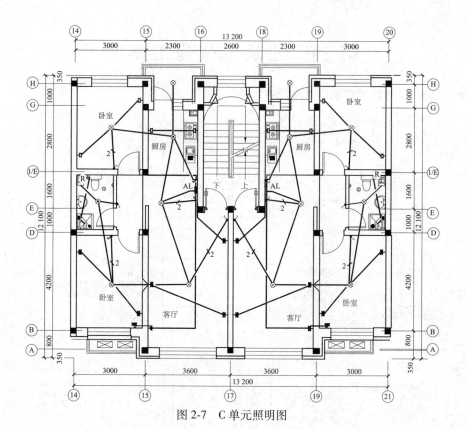

图 2-7　C 单元照明图

图 2-8　D 单元照明图

第三节 建筑电气施工图解

一、照明设计与施工步骤（见图 2-9）

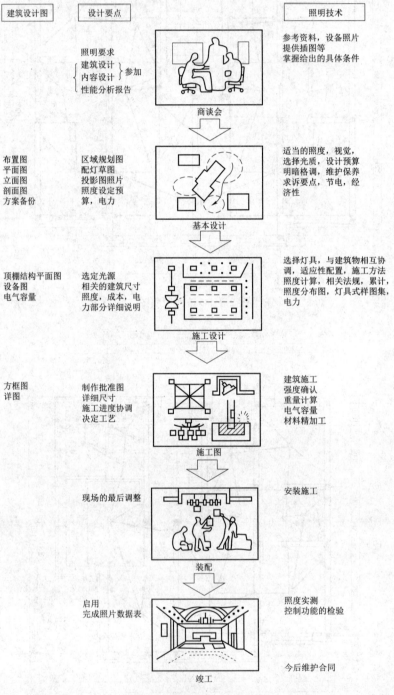

建筑设计图　设计要点　　　　　　　　　　　　　照明技术

照明要求
建筑设计
内容设计 } 参加
性能分析报告

参考资料，设备照片
提供插图等
掌握给出的具体条件

商谈会

布置图
平面图
立面图
剖面图
方案备份

区域规划图
配灯草图
投影图照片
照度设定预
算，电力

适当的照度，视觉，
选择光质，设计预算
明暗格调，维护保养
求诉要点，节电，经
济性

基本设计

顶棚结构平面图
设备图
电气容量

选定光源
相关的建筑尺寸
照度，成本，电
力部分详细说明

选择灯具，与建筑物相互协
调，适应性配置，施工方法
照度计算，相关法规，累计，
照度分布图，灯具式样图集，
电力

施工设计

方框图
详图

制作批准图
详细尺寸
施工进度协调
决定工艺

建筑施工
强度确认
重量计算
电气容量
材料精加工

施工图

现场的最后调整

安装施工

装配

启用
完成照片数据表

照度实测
控制功能的检验

今后维护合同

竣工

图 2-9　照明设计与施工步骤

二、房间照明应考虑的问题

1. 光源安装高度的考虑（见图2-10）

对于局部照明的场合，如果降低光源的安装高度，则正下方的亮度增加。若变为现有高度的2/3，则亮度约为原来的2.25倍；若为现有高度的1/2，则亮度约为原来的4倍。

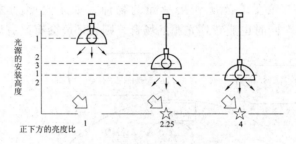

图 2-10　光源安装高度示意

2. 防止眩光（见图2-11）

如果在视野内有眩光光源和眩目的反射光，则反而会感到发暗。如果对眩光光源安装反射器并针对眩光的反射光改变灯具的位置，则能防止眩光，形成舒适的视觉环境。

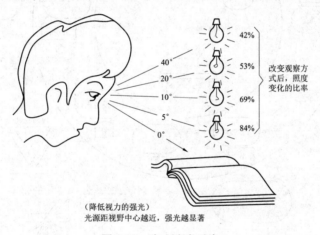

图 2-11　防止眩光示意

3. 要注意光的方向性（见图2-12）

对于因灯具的配置方法不当而产生的阴影，可以通过改变光源的位置，或者根据需要补

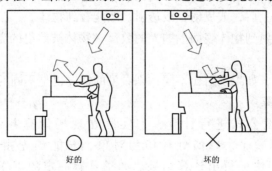

图 2-12　光的方向性示意图

充局部照明而消除。但是，在检查用的照明中，也有一种方法是利用光的方向性来加强凹凸的影子，用来发现金属表面的伤痕的。

三、房间照明中的技术术语

照明术语及其含义既简单又难以理解。但通过对可见物的图形化表示，就容易理解多了，见图 2-13。在中心处有光源和接受光的物体，如果光照到物体上，则首先可以用眼睛看到物体。但对同时也能看到光源的场合，则视环境会有好有坏。

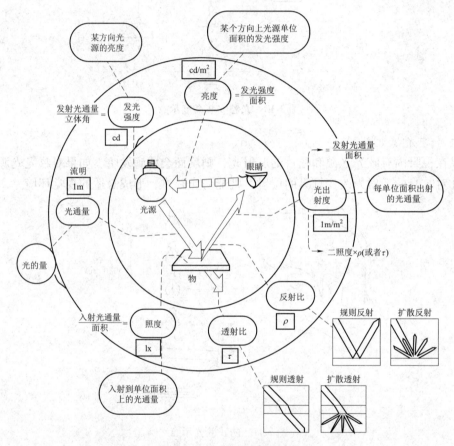

图 2-13　房间照明术语示意

（1）在完全没有光的地方，反射比再高的白色物体也不能被看见。

（2）光线射到物体上后，或反射，或透射，才能看到物体。

（3）所谓照度，是射到物体表面上的光的数量（物体被照射的亮度），不是进入眼睛的光的数量。

（4）即使照度相同，如果反射比不同，则看见的情况也是不同的。

四、房间照度的计算

谁都可以利用照度公式进行计算，但实际在现场计算并不是件简单的事。按照图 2-14 所示的计算顺序，以所处环境为对象，若能预先粗略地掌握照明利用系数等情况，那么就能很快地得出计算结果。如果具有一定的工作经验，对亮度数值的判断就会更明确。

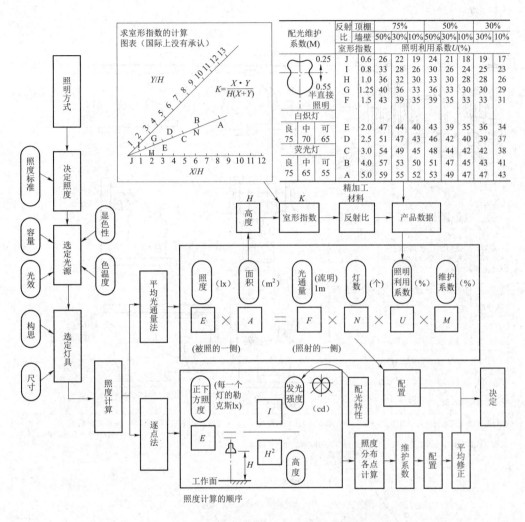

計算結果一覧表

楼层	室名	規定照度 E (lx)	灯具	房間大小				室形指数 $\dfrac{K}{A}$ $\dfrac{A}{H(X+Y)}$	反射比（%）			光通量 F (lm)	照明利用系数 U (%)	維护系数 M (%)	計算台数 N（台） $\dfrac{EA}{FUM}$	使用台数 N（台）	平均照度 E(lx) $\dfrac{NFUM}{A}$
				正面宽度 X (m)	进深 Y (m)	高度 H (m)	面積 A (m²)		顶棚 ρ_e	墙壁 ρ_w	地面 ρ_f						

图 2-14 房屋照度计算示意

五、门厅照明的布置（见图 2-15）

住宅中的门厅只是一个内外连通的地方，通过它能使人看到一个家庭的形象。当然，在这里为了使接待、外出、回家等行为顺利进行，应当把令人愉快的照明作为一个重点。

☆室内装修

顶棚	墙壁	地板	备用器具
· 乳胶； · 布辫； · 石膏； · 山毛榉	· 贴美国进口的松木板； · 贴布料	· 污染不显著的素淡色； · 增加明亮的空间； · 防滑； · 耐水洗； · 石料	· 木拖鞋箱； · 边框； · 装饰花； · 伞架； · 信箱； · 门厅垫子； · 立式长镜
明亮吸声性			
在照明反射效率方面采用灰白色，乳白色解决			

☆照明方法

脸部不可有阴影

脚底下要亮

开关

打开门后要能够着开关

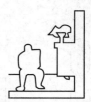

即使在夜间也有些亮光

使间隔和空间给出宽敞的印象

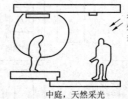

中庭，天然采光

希望由室外吸取更多的光线

☆五种感觉的平衡

· 接待客人处（兼起厨房门口的作用）； · 过道（代替自行车车库）；	· 脱、穿大衣和鞋（出门时整装打扮）； · 与外门口的间隔地带（在正门门厅前长谈）；	· 可以看见院落的中庭（积极吸取室外要素）；	· 要考虑采光； · 要能够安全地步入走廊

正门门厅的情况

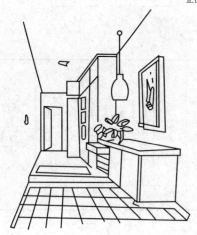

公寓大厦的狭窄门厅

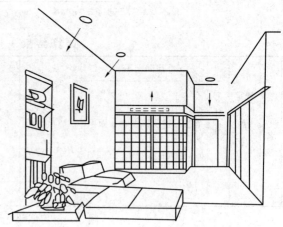

在正门门厅设置会客处

图 2-15 门厅照明布置示意

六、居室的照明布置（见图 2-16）

★照明方法

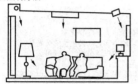

★以多灯化的照明得到相应于TPO的照明均衡

西式壁龛的设想

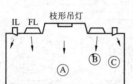

由白炽灯与荧光灯的混光比造成的气氛

白炽灯（%）	荧光灯（%）	色温（K）	气氛
0	100	5000	白天的感觉
20	80	4400	选择气氛
50	5	3500	选择气氛
80	20	3000	恰当的调和
100	0	2600	白炽灯特有的红色

☆室内装修

顶棚	墙壁	地板	备用器具
木材	·土墙 ·壁纸	·榻榻米 ·地毯	·钢琴； ·立体声； ·沙发；
·没有秋天树木的色彩 颜色种类少 保持自然材料的颜色 ·木材：乳白色； ·植物的叶子			·家具； ·窗帘； ·垫子； ·壁纸； ·地毯； ·软靠垫； ·装饰棚

☆五种感觉的平衡

·家庭的通信； ·宽裕的生活； ·舒适； ·平和的气氛； ·无忧无虑； ·欣赏音乐； ·聊天儿； ·饮茶； ·收看电视； ·希望愉快过日子的人都聚在一起，有朝气；	·会客； ·壁龛是新奇室内结构； ·重心降低，直接坐在地毯上； ·身体保持睡觉姿势最舒适； ·没有放家具的地方为舒畅的空间

兼作寝室的居室

居室的场合

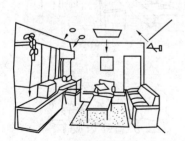

宽松舒适的家具布置

起居生活与进餐吃饭隔开

标准的房间

图 2-16 居室照明布置示意

七、餐厅、厨房的照明布置（见图2-17）

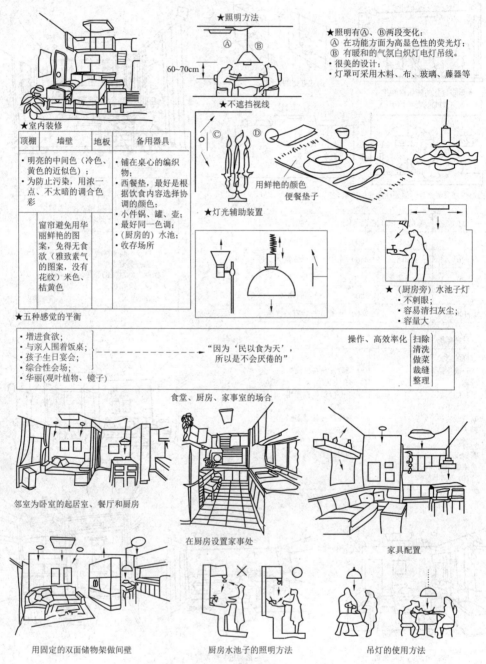

★照明方法

60~70cm

★不遮挡视线

★照明有Ⓐ、Ⓑ两段变化：
Ⓐ 在功能方面为高显色性的荧光灯；
Ⓑ 有暖和的气氛白炽灯电灯吊线。
· 很美的设计：
· 灯罩可采用木料、布、玻璃、藤器等

★室内装修

顶棚	墙壁	地板	备用器具
· 明亮的中间色（冷色、黄色的近似色）； · 为防止污染，用浓一点、不太暗的调合色彩	窗帘避免用华丽鲜艳的图案，免得无食欲（雅致素气的图案，没有花纹）米色、桔黄色	铺在桌心的编织物； · 西餐垫，最好是根据饮食内容选择协调的颜色； · 小件锅、罐、壶； · 最好同一色调； · （厨房的）水池； · 收存场所	

用鲜艳的颜色
便餐垫子

★灯光辅助装置

★（厨房旁）水池子灯
· 不刺眼；
· 容易清扫灰尘；
· 容量大

★五种感觉的平衡

· 增进食欲； · 与亲人围着饭桌； · 孩子生日宴会； · 综合性会场； · 华丽(观叶植物、镜子)	"因为'民以食为天'，所以是不会厌倦的"	操作、高效率化	扫除 清洗 做菜 裁缝 整理

食堂、厨房、家事室的场合

邻室为卧室的起居室、餐厅和厨房

在厨房设置家事处

家具配置

用固定的双面储物架做间壁

厨房水池子的照明方法

吊灯的使用方法

图 2-17　餐厅、厨房照明布置示意

八、卧室的照明布置（见图 2-18）

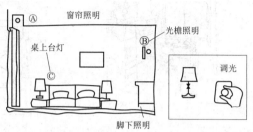

☆照明方法

窗帘照明

光檐照明

桌上台灯

Ⓐ

Ⓑ

Ⓒ

调光

脚下照明

★入口和床周围以3路开关调光。
★在商店内选定时的照明与实际照明存在差别，要予以注意。
★在顶棚上不太希望安装照明，因为在床上看顶棚，可寻求到协调柔和的间接光。
★间接照明、下射灯、壁灯。
★窗帘照明除了看起来舒适之外，还可以消除室内的阴影。
★蓝色系列、日光色荧光灯。
★暖色系列，用白炽灯控制。

★桌上台灯

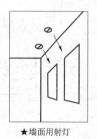

★墙面用射灯

卧室的情况

把床装在装饰搁板的后面　　　　夫妻的卧室　　　　卧室中设洗脸处

图 2-18　卧室照明布置示意

九、儿童房的照明布置（见图2-19）

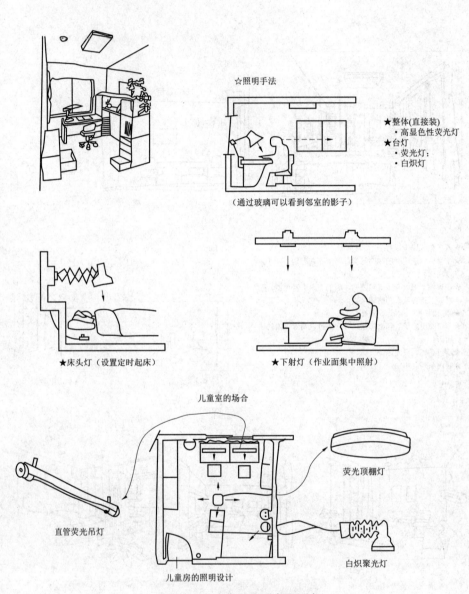

☆照明手法

（通过玻璃可以看到邻室的影子）

★整体(直接装)
 ·高显色性荧光灯
★台灯
 ·荧光灯；
 ·白炽灯

★床头灯（设置定时起床）

★下射灯（作业面集中照射）

儿童室的场合

直管荧光吊灯

荧光顶棚灯

白炽聚光灯

儿童房的照明设计

图 2-19　儿童房的照明布置示意

十、书房的照明布置（见图2-20）

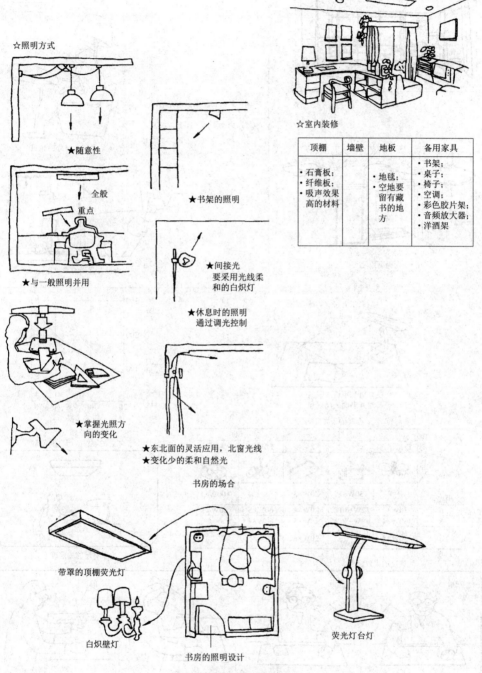

☆照明方式

★随意性

全般

重点

★与一般照明并用

★掌握光照方向的变化

☆室内装修

顶棚	墙壁	地板	备用家具
· 石膏板； · 纤维板； 吸声效果高的材料		· 地毯； · 空地要留有藏书的地方	· 书架； · 桌子； · 椅子； · 空调； · 彩色胶片架； · 音频放大器； · 洋酒架

★书架的照明

★间接光
要采用光线柔和的白炽灯

★休息时的照明
通过调光控制

★东北面的灵活应用，北窗光线
★变化少的柔和自然光

书房的场合

带罩的顶棚荧光灯

白炽壁灯

书房的照明设计

荧光灯台灯

图 2-20 书房的照明布置示意

十一、老年人的居室照明布置（见图 2-21）

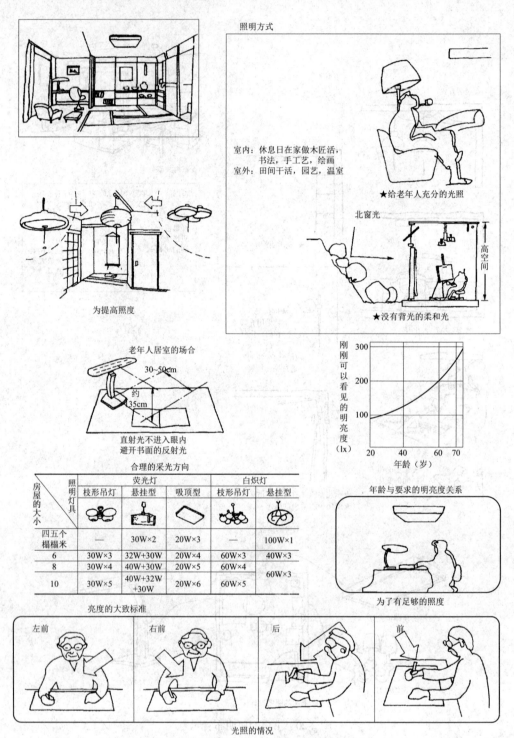

图 2-21　老年人居室照明布置示意

十二、插座灯的使用（见图2-22）

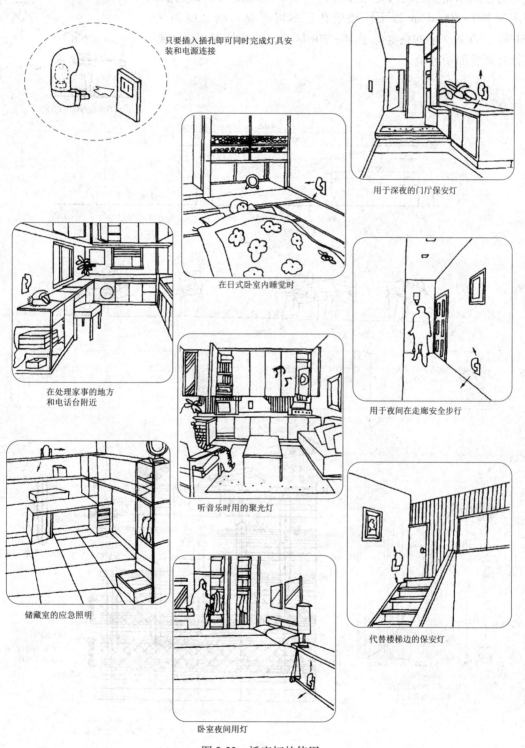

只要插入插孔即可同时完成灯具安装和电源连接

用于深夜的门厅保安灯

在日式卧室内睡觉时

在处理家事的地方和电话台附近

用于夜间在走廊安全步行

听音乐时用的聚光灯

储藏室的应急照明

代替楼梯边的保安灯

卧室夜间用灯

图2-22 插座灯的使用

十三、防眩光措施（见图 2-23）

防止周围亮度的映入是很重要的。含有光源的房间其周围的亮度为 $200 \sim 500 cd/m^2$ 以下，映象在显示屏上显示的亮度为 $4 \sim 6 cd/m^2$，发光文字的亮度低于 $10 \sim 20 cd/m^2$，此种情况不必担心，应据此调整照明环境。

VDT作业与照明的位置

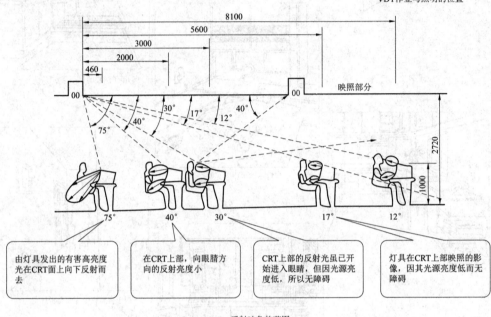

由灯具发出的有害高亮度光在CRT面上向下反射而去

在CRT上部，向眼睛方向的反射亮度小

CRT上部的反射光虽已开始进入眼睛，但因光源亮度低，所以无障碍

灯具在CRT上部映照的影像，因其光源亮度低而无障碍

反射映象的范围

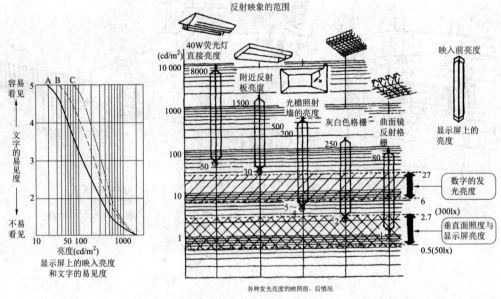

显示屏上的映入亮度和文字的易见度

各种发光亮度的映照前、后情况

图 2-23　防眩光示意图

十四、装修材料与反射比（见图2-24）

我们眼睛所感觉到的东西，或者是整个光源，或者是某个反射物体。构成视觉环境的内装饰材料即反射材料的选择是决定照明是否给人以快乐和舒适的主要因素。

据说一般日本人皮肤的反射比为50%。天花板和照明结合成一体，可寻求更高的反射比。而地板则相反，要选择调合的色调。但是，为了造成与众不同的映象，可试着倒过来，每个季节变换一下，使内装饰材料和照明成为愉快的组合。

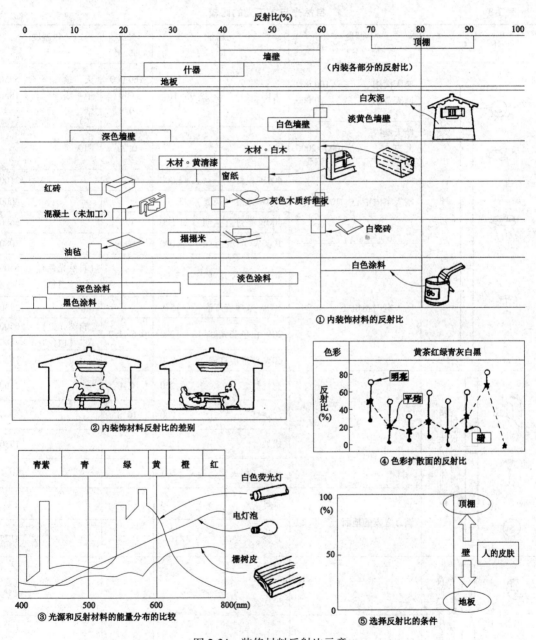

图 2-24　装修材料反射比示意

十五、自然环境与人工光的比较（见表 2-3）

在研究光的质量和数量时，即使定量在数值上也很难理解，下表中对自然环境与人工光源就照度、光通量、亮度、色温度等几方面进行了比较。对于人的眼睛来说，光的强度 1000lx 的 1 倍不是 2000lx，而是 10 000lx，它们之间是对数关系。由于人的眼睛识别能力极好，从观看夜空中小小闪烁的星星到耀眼的太阳，范围很广。如果只是明度的差别，无彩色，则理应全部分成 10 个等级。

表 2-3　　　　　　　　　　　　　　　　自然光与人工光的比较

环　　境	照度（lx）		光通量（lm）		亮度（cd/m²）	色温度（K）	
能清楚地看出物体的颜色和形状（明视觉）	晴天向阳	100 000	太阳	$3.95×10^{28}$	160 000	天　顶	5250
	晴天背阴	10 000			600	地平线	1850
					0.8	晴天	
	晴天室内北窗	1000~2000			0.22	阴天	
	晴天室内中心	100~200	400W 钠灯	44 000			2100
			400W 汞灯（荧光）	23 500			4000
			400W 汞灯（透明）	21 500	140		5600
			1000W 单螺旋灯泡	21 000	1286		3080
	晴天室内拐角处	20	40W 白色荧光灯	3400		（自然光色）	6500
						（白色）	4500
			100W 双螺旋灯泡	1570			2830
			20W 白色荧光灯	1200	0.6~1.7	（自然光色）	6500
						（白色）	4500
			60W 双螺旋灯泡	830			2830
稍微能看清物体的颜色和形状（中间视觉）			充气灯	250	0.4		2160
			乙炔灯	200	10.8		
			蜡烛	11.4	1		1930
			火柴（弱火）	4（40）			
	满月之夜的地面	0.2	汞灯		3		
			月亮	$8×10^{16}$	0.25		4125
仅能模糊地看到物体（暗视觉）	晴天有月亮的夜晚	0.000 3					

十六、照明的亮度（见图 2-25）

在其他领域，有时把亮度误认为是明亮程度，但对眩光却能理解。为了看清物体，眩光是不能在被照面上出现的。最近，随着办公自动化的不断发展，使很多信息情报依靠 VDT（视频终端）的发光亮度获取。因此，人的眼睛和亮度关系的卫生课题变得非常重要，所以应该充分注意周围的亮度。

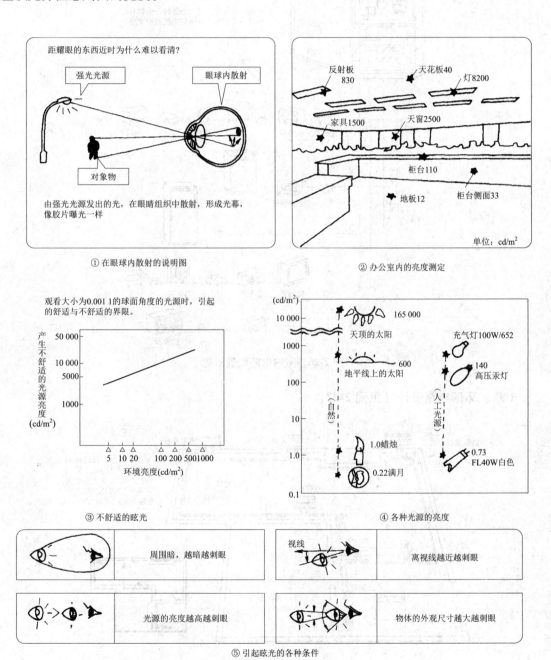

① 在眼球内散射的说明图

② 办公室内的亮度测定

③ 不舒适的眩光

④ 各种光源的亮度

⑤ 引起眩光的各种条件

图 2-25　照明的亮度

十七、室内电路配置（见图 2-26）

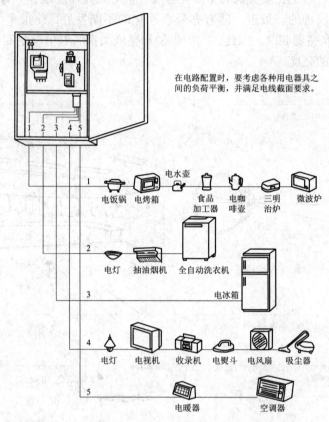

在电路配置时，要考虑各种用电器具之间的负荷平衡，并满足电线截面要求。

1　电饭锅　电烤箱　食品加工器　电咖啡壶　三明治炉　微波炉　电水壶

2　电灯　抽油烟机　全自动洗衣机

3　电冰箱

4　电灯　电视机　收录机　电熨斗　电风扇　吸尘器

5　电暖器　空调器

图 2-26　室内电路配置示意

十八、环形电路设计（见图 2-27）

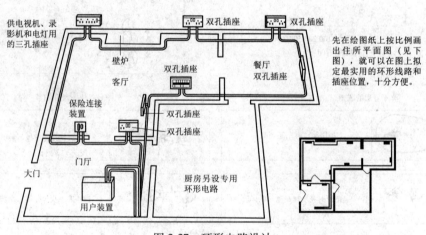

供电视机、录影机和电灯用的三孔插座

壁炉

客厅

保险连接装置

门厅

大门

用户装置

双孔插座

双孔插座

双孔插座

双孔插座

餐厅双孔插座

厨房另设专用环形电路

先在绘图纸上按比例画出住所平面图（见下图），就可以在图上拟定最实用的环形线路和插座位置，十分方便。

图 2-27　环形电路设计

十九、炉灶电路敷设（见图2-28）

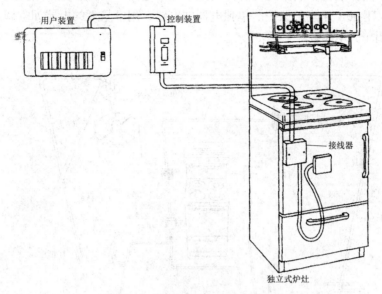

用户装置　　　控制装置

接线器

独立式炉灶

图2-28　独立式炉灶电路敷设示意

二十、敷设电热淋浴器电路（见图2-29）

快速电热淋浴器的耗电量很大，如果与其他电器合用一条线，就很可能超过负荷。用户应从电表中接出一条单独的电路，装上保险丝或电路保护器。

在电路上先接上一个双极拉线开关。装在浴室的顶棚上。

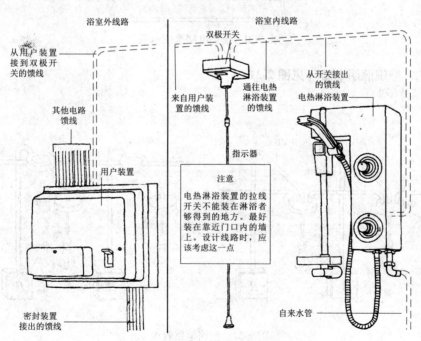

浴室外线路　　　　　　　　浴室内线路

双极开关

从用户装置
接到双极开
关的馈线

来自用户装
置的馈线

通往电热
淋浴装置
的馈线

从开关接出
的馈线

电热淋浴装置

其他电路
馈线

用户装置

指示器

注意

电热淋浴装置的拉线
开关不能装在淋浴者
够得到的地方。最好
装在靠近门口内的墙
上。设计线路时，应
该考虑这一点

密封装置
接出的馈线

自来水管

图2-29　电热淋浴器电路敷设

二十一、住宅中的电路系统（见图 2-30）

照明电路中用户装置中引出通向各照明点。环形电路从用户装置开始形成回路可供电面积约为100m²，用30A保险丝保护。单独电器的电路，用电量大的电器如空调、电炉灶、电暖炉等，应使用单独电路。

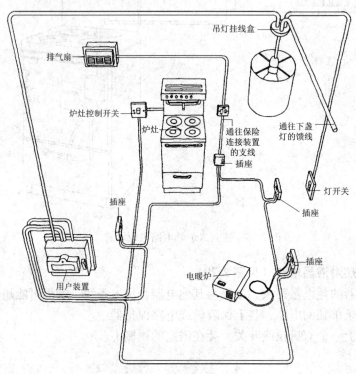

图 2-30　住宅电路系统示意

二十二、敷设照明电路（见图 2-31）

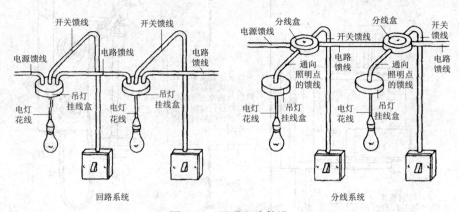

图 2-31　照明电路敷设

36

二十三、升降灯具的安装（见图 2-32）

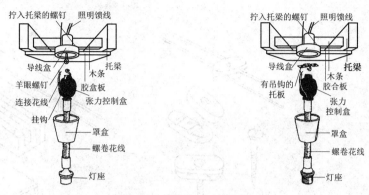

图 2-32　升降灯具安装示意

二十四、装饰灯具的安装（见图 2-33）

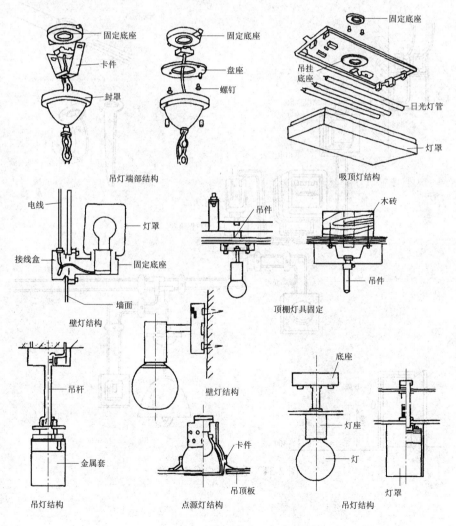

图 2-33　装饰灯具安装示意

二十五、电线进户与布置（见图 2-34）

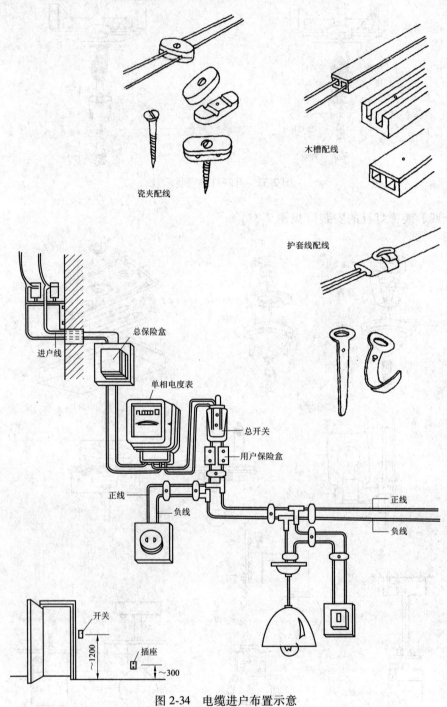

瓷夹配线

木槽配线

护套线配线

进户线

总保险盒

单相电度表

总开关

用户保险盒

正线

负线

正线

负线

开关

~1200

插座

~300

图 2-34　电缆进户布置示意

二十六、荧光灯与电表的安装（见图2-35）

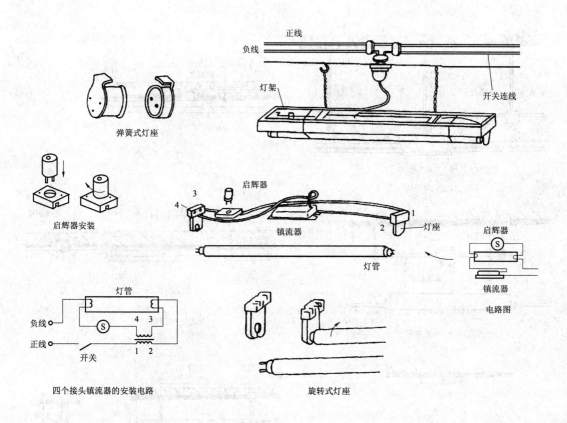

弹簧式灯座

正线
负线
灯架
开关连线

启辉器安装

3
4
启辉器
镇流器
2
1
灯座
灯管

启辉器
S
镇流器
电路图

灯管
3
负线
S
4 3
正线
1 2
开关
四个接头镇流器的安装电路

旋转式灯座

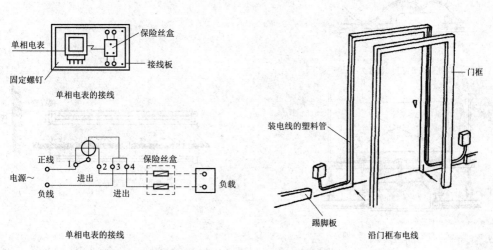

单相电表
保险丝盒
接线板
固定螺钉
单相电表的接线

门框

装电线的塑料管

正线
1 2 3 4
保险丝盒
电源～
进出
进出
负载
负线
单相电表的接线

踢脚板
沿门框布电线

图 2-35 荧光灯与电表安装示意

二十七、荧光灯的安装方法（见图2-36）

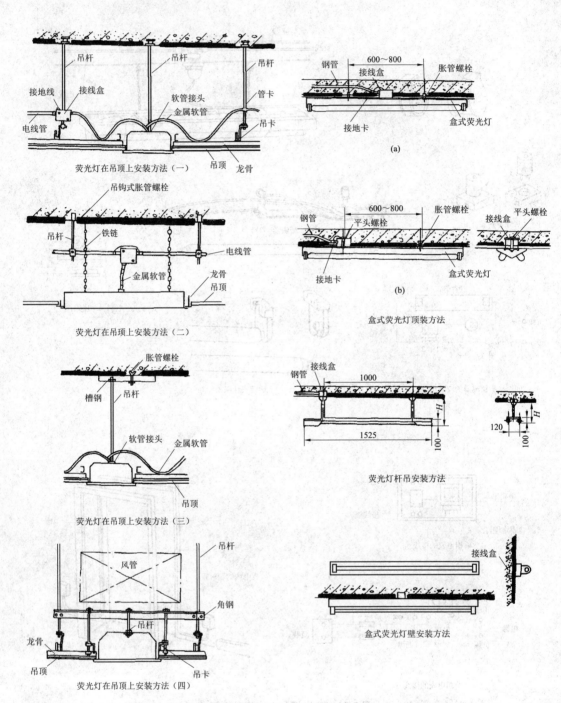

荧光灯在吊顶上安装方法（一）

荧光灯在吊顶上安装方法（二）

荧光灯在吊顶上安装方法（三）

荧光灯在吊顶上安装方法（四）

盒式荧光灯顶装方法

荧光灯杆吊安装方法

盒式荧光灯壁安装方法

图 2-36　荧光灯安装示意
（a）方式一；（b）方式二

二十八、多芯铜导线的连接方法（见图 2-37）

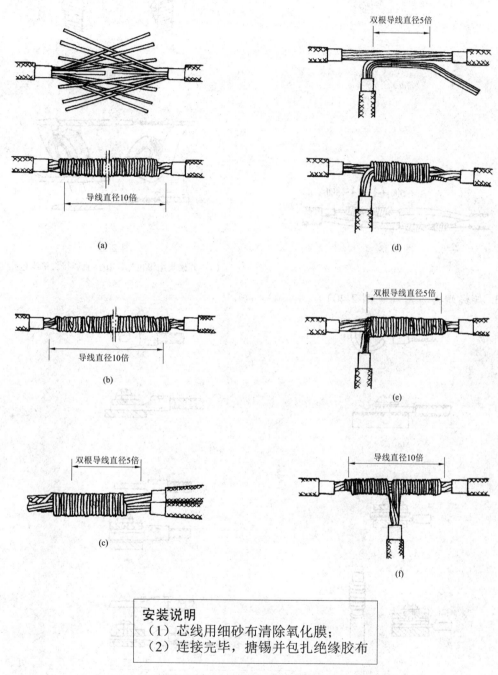

图 2-37 多芯铜导线的连接方法

（a）直线连接（一）；（b）直线连接（二）；（c）倒人字连接；

（d）分线连接（一）；（e）分线连接（二）；（f）分线连接（三）

二十九、导线的端接及绝缘包扎方法

1. 双芯线连接（见图2-38）

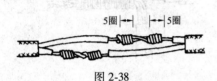

图 2-38

2. 导线绝缘包扎方法（见图2-39）

第一次包   第二次包

(a)

(b)

图 2-39

（a）并接头绝缘包扎；（b）直线接头绝缘包扎

3. 导线端接方法（见图2-40）

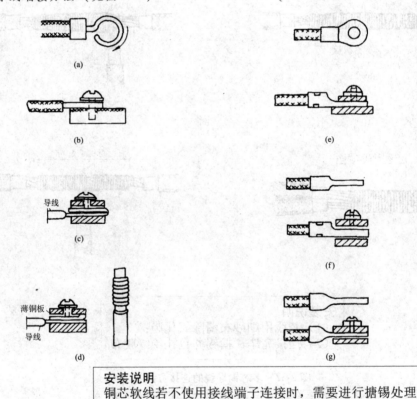

安装说明
铜芯软线若不使用接线端子连接时，需要进行搪锡处理

图 2-40 导线端接方法

（a）导线旋绕方向；（b）导线端接；（c）导线端接；（d）针孔过大时的导线端接；
（e）OT型接线端子端接；（f）IT型接线端子端接；（g）管型接线端子端接

三十、单芯铜导线的连接方法（见图 2-41）

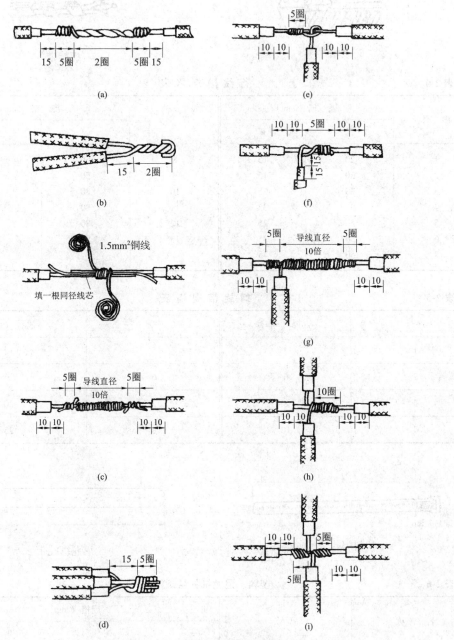

图 2-41　单芯铜导线连接方法

（a）单芯线直接连接；（b）单芯线并接头（一）；（c）单芯线直线缠绕接法；（d）单芯线并接头（二）；

（e）单芯线分支绞接法（一）；（f）单芯线分支绞接法（二）；

（g）单芯线分支缠卷法；（h）单芯线十字分支连接（一）

（i）单芯线十字分支连接（二）

三十一、配线常用的辅助材料（见表2-4~表2-9）

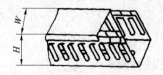

行线槽

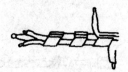

螺旋带

表2-4　　　　　　　　　　　　　行线槽规格表

序　号	规　格（mm）		序　号	规　格（mm）	
	H	W		H	W
1	20	15	8	50	55
2	30	15	9	50	80
3	30	25	10	80	35
4	30	35	11	80	45
5	50	25	12	80	55
6	50	35	13	80	80
7	50	45			

表2-5　　　　　　　　　　　　　螺旋带规格表

序号	直径（mm）	序号	直径（mm）
1	4	5	12
2	6	6	16
3	8	7	20
4	10	8	25

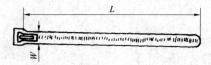

塑料绑扎带

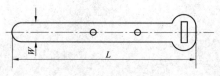

尼龙绑扎带

表2-6　　　　　　　　　　塑料、尼龙绑扎带规格表

名　称	型号	规格（mm）	
		L	W
塑料	S1	118	3
	S2	160	5
	S3	250	10
	S4	348	10

名　称	型号	规格（mm）	
		L	W
尼龙	N1	118	3
	N2	160	5
	N3	250	10
	N4	348	10

表 2-7 　　　　　　　　　　钢 精 扎 头 规 格 表

型　号	规格（mm）	
	L	W
0 号	28	5.6
1 号	40	6
2 号	48	6
3 号	59	6.8
4 号	66	7
5 号	73	7

表 2-8 　　　　　　　　　　压 线 夹 规 格 表

圆形（mm）	扁形（mm）	圆形（mm）	扁形（mm）	示意图
$\phi 4$		$\phi 9$		
$\phi 5$		$\phi 10$	10	
$\phi 6$	6	$\phi 12$	12	
$\phi 7$	7	$\phi 14$		
$\phi 8$	8			压线夹

表 2-9 　　　　　　　　　　可 调 固 定 夹 规 格 表

序　号	规格（mm）	示意图
1	$\phi 8 \sim \phi 12$	
2	$\phi 12 \sim \phi 20$	
3	$\phi 20 \sim \phi 25$	
4	$\phi 25 \sim \phi 38$	可调固定夹

三十二、硬质塑料（PVC）线槽及配件（一）

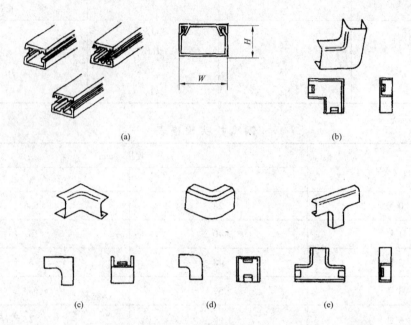

PVC 线 槽 规 格 表

型　　　号	规格（mm）	尺寸（mm）		
		宽 W	高 H	壁厚
GA15	15×10	15	10	1.0
GA24	24×14	24	14	1.2
GA39/01	39×18	39	18	1.4
GA39/02	39×18（双槽）	39	18	1.4
GA39/03	39×18（三槽）	39	18	1.4
GA60/01	60×22	60	22	1.6
GA60/02	60×40	60	40	1.6
GA80	80×40	80	40	1.8
GA100/01	100×27	100	27	2.0
GA100/02	100×40	100	40	2.0

> **安装说明**
> PVC 线槽长度一般为 3m

图 2-42 PVC 线槽配件及规格

（a）直身线槽；（b）直转角；（c）内角；（d）外角；（e）三通

三十三、硬质塑料（PVC）线槽及配件（二）

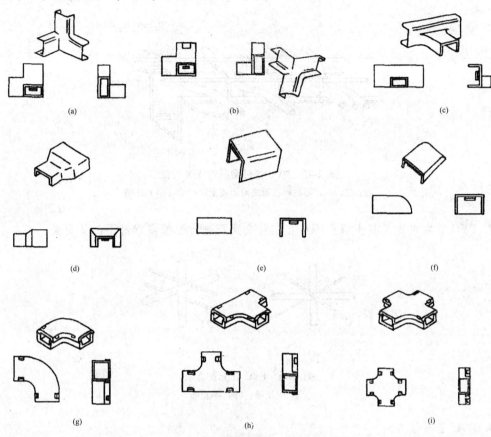

图 2-43 硬质塑料线槽及配件

（a）左三通；（b）右三通；（c）角形三通；（d）变径接头；（e）连接头；
（f）终端头；（g）盒式角弯；（h）盒式三通；（i）盒式四通

三十四、硬质塑料（PVC）管在现浇混凝土板中暗配安装方法

1. PVC 管在现浇混凝土板暗配安装方法（见图 2-44）

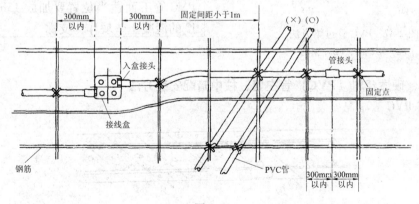

图 2-44

注：①（×）不正确，不应在钢筋下配管交叉或钢筋交叉处配管；②（○）正确

2. PVC 管过梁配管安装方法（见图 2-45）

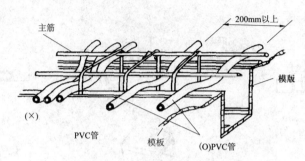

图 2-45　PVC 管过梁配管安装方法

注：① （×）不正确，管之间距离太近；② （○）正确

3. PVC 管在现浇混凝土板上不应在钢筋交叉处进行配管或钢筋下配管交叉

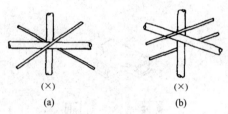

图 2-46　PVC 管配管方法

（a）不正确；（b）不正确

4. PVC 管过梁方法

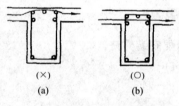

图 2-47　PVC 管过梁方法

（a）不正确；（b）正确

> **安装说明**
> PVC 管在现浇混凝土板中暗配时，在 PVC 管下面适当位置要加放 15mm 厚度的混凝土垫块作为支撑

三十五、硬质塑料（PVC）管在墙、柱中暗配安装方法

1. 双根 PVC 管暗配安装方法

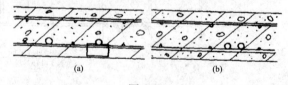

图 2-48

（a）正确；（b）不正确

2. 单根PVC管暗配安装方法

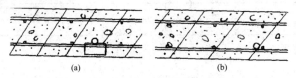

┌─────────────────────────────────┐
│ **安装说明** │
│ 可用聚苯烯板等材料填入盒内起保护作用 │
└─────────────────────────────────┘

图 2-49 单根PVC管暗装示意

（a）正确；（b）不正确

3. PVC管暗配安装方法（见图2-50）

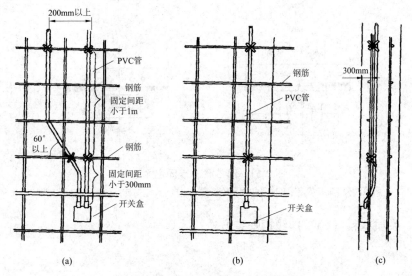

图 2-50 PVC管暗配安装方法侧视图

三十六、硬质塑料（PVC）管明配安装方法

1. 开关盒连接示意图（见图2-51）

2. PVC管明配示意图（见图2-52）

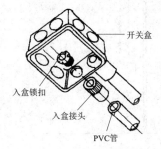

图 2-51 开关盒连接示意

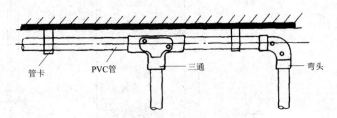

图 2-52 PVC管明配示意

表 2-10　　　　　　　　　　　　**管卡固定点距离**　　　　　　　　　　　　　　　　m

管径（mm）	垂直固定	水平固定	距盒边及接头处
20 以下	1.0	0.8	0.2
25～40	1.5	1.2	0.3

管径（mm）	垂直固定	水平固定	距盒边及接头处
50以上	2.0	1.5	0.3

3. PVC 管管卡固定方法（明配）

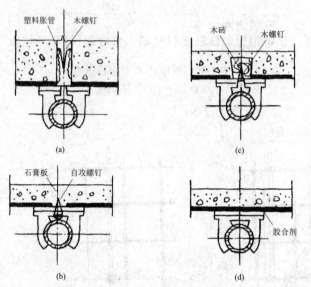

图 2-53　PVC 管管卡固定方法

（a）塑料胀管安装；（b）自攻螺钉安装；（c）木砖安装；（d）胶合剂安装

三十七、硬质塑料（PVC）线槽安装方法

1. PVC 线槽安装示意图（见图 2-54）

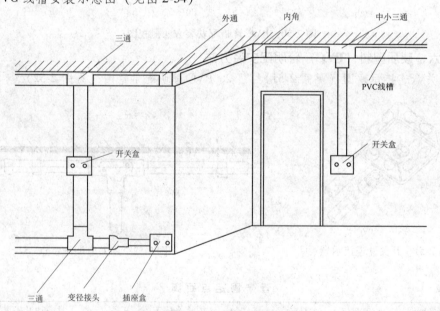

图 2-54　PVC 线槽安装示意

2. PVC 线槽固定方法（见图 2-55）

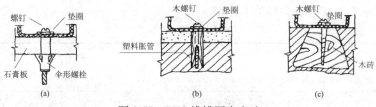

图 2-55　PVC 线槽固定方法

（a）伞形螺栓安装；（b）塑料胀管安装；（c）木螺钉安装

三十八、硬质塑料（PVC）管的安装方法

1. PVC 管切割方法（见图 2-56）

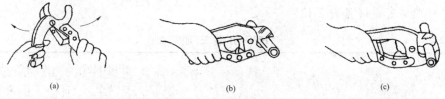

图 2-56　PVC 管切割方法

（a）打开 PVC 管剪刀手柄；（b）把 PVC 管放入刀口内；（c）把握手柄，让齿轮锁住刀口，
松开手柄后再握紧，直至管子被切断。也可用钢锯条切割 PVC 管

先将弹簧插入管内，也可将管子用膝盖顶住，两手用力慢慢弯曲管子，考虑到管子的回弹，弯曲角度要稍过一些。在寒冷的天气里，应用布将管子握在手中反复摩擦使其升温，再进行弯曲。

管子的弯曲半径：

明装管应大于 4 倍管的外径；

暗装管应大于 6 倍管的外径。

直径大于 32mm 的管子弯管时应用热弯法或选用成品弯头。

将管子清理干净，在管子接头表面均匀刷一层 PVC 胶水后，立即将刷好胶水的管头插入接头内，不要扭转，保持约 15s 不动，即可以接牢。

2. PVC 管冷弯方法（见图 2-57）

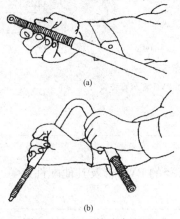

图 2-57　PVC 管冷弯方法

（a）插入弹簧；（b）弯曲管子

3. PVC 管连接方法（见图 2-58）

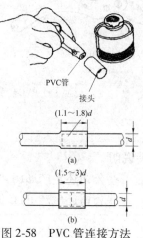

图 2-58　PVC 管连接方法

三十九、硬质塑料（PVC）管及配件施工工具

1. PVC 明装弯头（见表 2-11）

表 2-11   **PVC 明装弯头**   （曲尺）

图　形	型　号	配用管径（mm）	尺寸（mm）		
			A	B	H
	E244/20	20	59	59	28
	E244/25	25	66	66	35

2. PVC 明装三通（见表 2-12）

表 2-12   **PVC 明装三通**   （三叉）

图　形	型　号	配用管径（mm）	尺寸（mm）		
			A	B	H
	E246/20	20	55	92	29
	E246/25	25	69	108	31

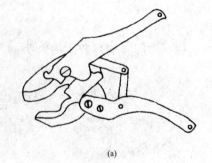

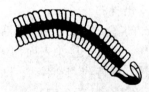

型号	配用管径（mm）
LD20	20
LD25	25
LD32	32

(a)   (b)   (c)

图 2-59　PVC 安装示意

（a）PVC 管剪刀；（b）PVC 管胶水；（c）PVC 管弯管弹簧

安装说明

（1）一些公司还生产 $\phi16$、$\phi40$、$\phi50$、$\phi60$ 等管径的 PVC 管及其他配件；

（2）一些公司还生产 PVC 波纹管及配件

四十、洗面台镜顶灯的安装方法（见图 2-60）

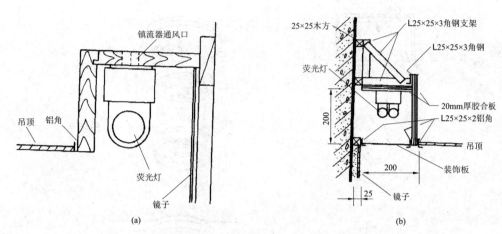

图 2-60　洗面台镜顶灯安装方法
（a）镜顶灯安装方法（一）；（b）镜顶灯安装方法（二）

四十一、灯池的安装方法（见图 2-61）

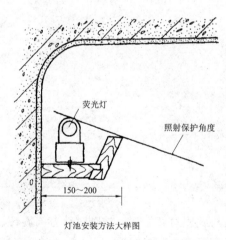

灯池安装方法大样图

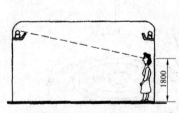

灯池照射角度要求示意图

图 2-61　灯池安装方法

四十二、卡接式灯具的安装（见图2-62）

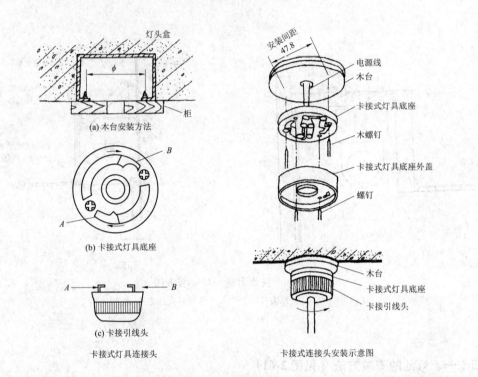

(a) 木台安装方法

(b) 卡接式灯具底座

(c) 卡接引线头

卡接式灯具连接头

卡接式连接头安装示意图

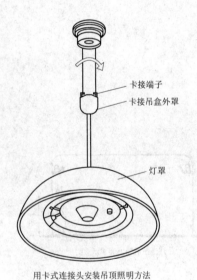

用卡式连接头安装吊顶照明方法

安装说明
卡接式连接头与底座对齐之后，按顺时针方向旋转，听到"咔喳"一声表示安装完成

图 2-62　卡接式灯具安装方法

四十三、嵌入式筒灯的安装（见图2-63）

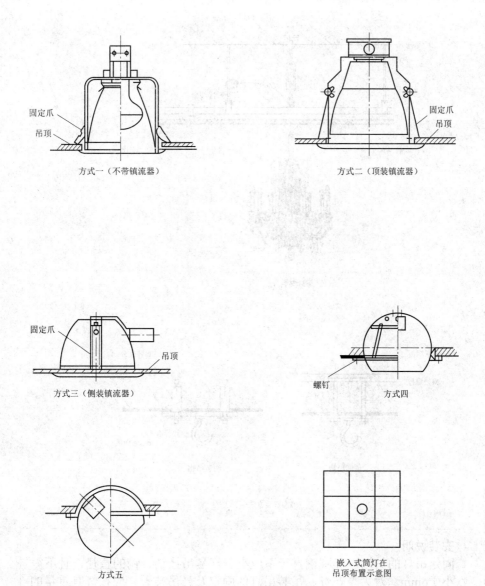

方式一（不带镇流器）

方式二（顶装镇流器）

固定爪
吊顶

固定爪
吊顶

固定爪

吊顶

方式三（侧装镇流器）

螺钉

方式四

方式五

嵌入式筒灯在
吊顶布置示意图

图2-63　嵌入式筒灯的安装方法

四十四、吊灯的安装（见图2-64）

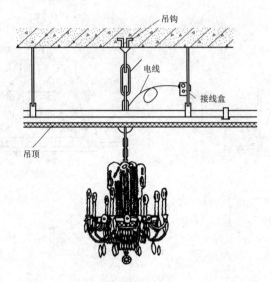

吊灯安装方法

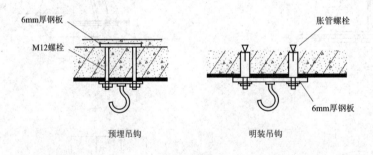

吊钩安装方法

安装说明
固定吊灯的吊钩，其圆钢直径不应小于灯具吊挂销、钩的直径，且不得小于6mm。对大型花灯、吊装吊灯的固定及悬吊装置，应按灯具重量的1.25倍做过载试验

图2-64 吊灯的安装方法

四十五、插座的安装（见图 2-65）

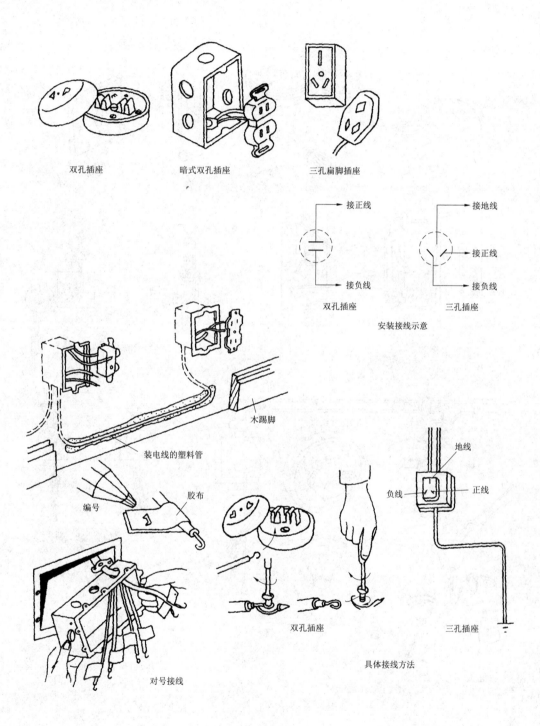

双孔插座　　　　暗式双孔插座　　　　三孔扁脚插座

接正线　　　　　　接地线

接负线　　　　　　接正线

接负线

双孔插座　　　　三孔插座

安装接线示意

木踢脚

装电线的塑料管

编号　　　胶布

地线

负线　　　正线

双孔插座　　　三孔插座

对号接线　　　　具体接线方法

图 2-65　插座的安装

四十六、开关与灯头的安装（一）（见图 2-66）

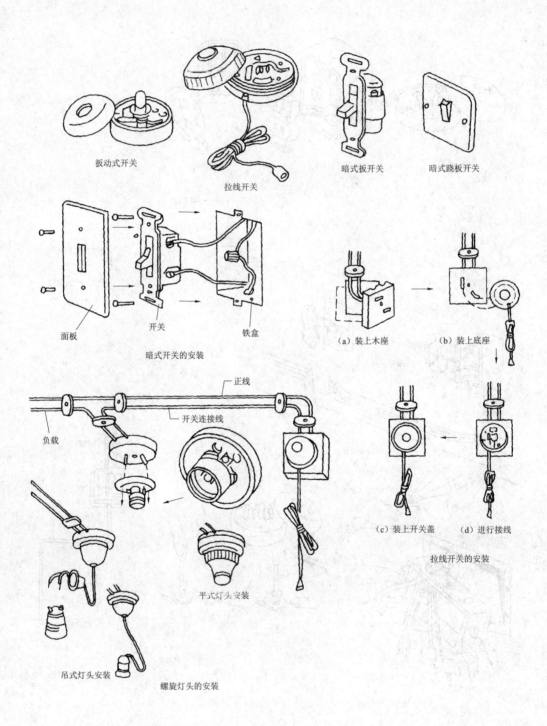

扳动式开关

拉线开关

暗式扳开关

暗式跷板开关

面板

开关

铁盒

暗式开关的安装

（a）装上木座

（b）装上底座

正线

开关连接线

负载

（c）装上开关盖

（d）进行接线

拉线开关的安装

平式灯头安装

吊式灯头安装

螺旋灯头的安装

图 2-66　开关与灯头的安装（一）

四十七、开关与灯头的安装（二）（见图 2-67）

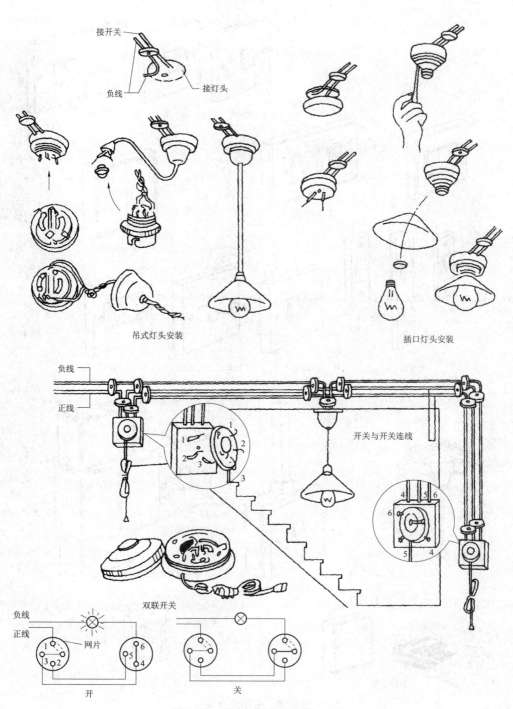

接开关

负线

接灯头

吊式灯头安装

插口灯头安装

负线

正线

开关与开关连线

双联开关

负线

正线

网片

开

关

图 2-67　开关与灯头的安装（二）

四十八、常用开关（见图 2-68）

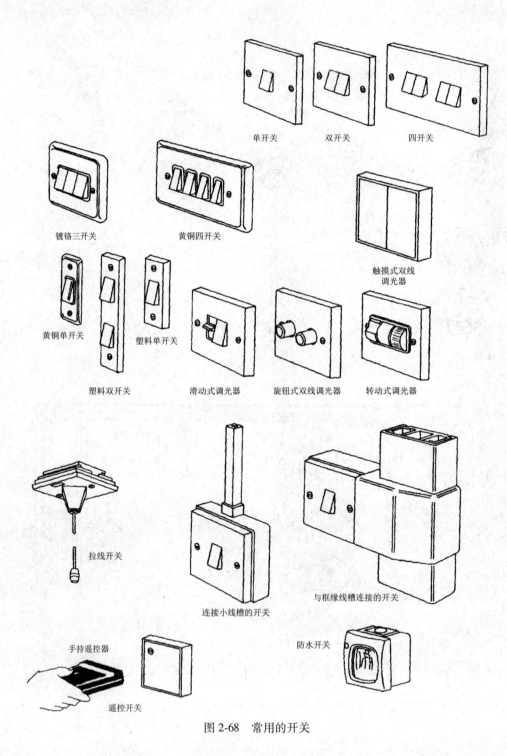

单开关　　　双开关　　　四开关

镀铬三开关　　　黄铜四开关

触摸式双线
调光器

黄铜单开关

塑料单开关

塑料双开关　　滑动式调光器　　旋钮式双线调光器　　转动式调光器

拉线开关

连接小线槽的开关

与框缘线槽连接的开关

手持遥控器

防水开关

遥控开关

图 2-68　常用的开关

四十九、照明用配件

在一般的用电设备中，照明设备和配线设备是最熟悉的设备，一般都备有各种不同的配件，见图2-69~图2-70。这些配件库存起来很不容易。目前，各种流行的照明设备很多，这里只不过列举一些最有关的部件。为了维持舒适的照明环境，经常进行维护和保养照明设备是很重要的。

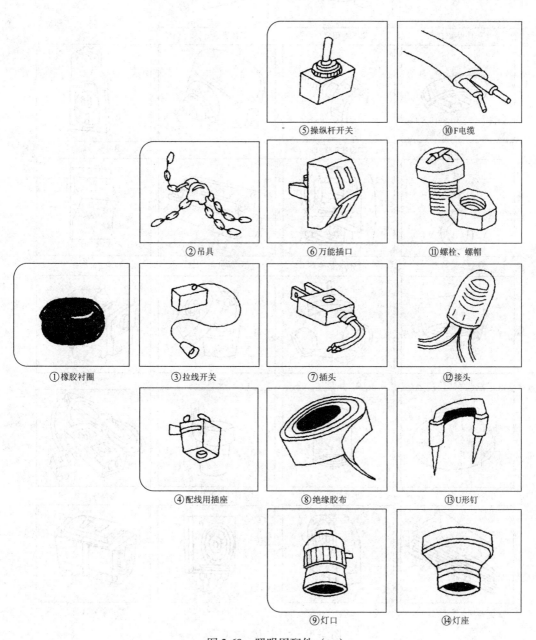

⑤操纵杆开关　　　⑩F电缆

②吊具　　　⑥万能插口　　　⑪螺栓、螺帽

①橡胶衬圈　　　③拉线开关　　　⑦插头　　　⑫接头

④配线用插座　　　⑧绝缘胶布　　　⑬U形钉

⑨灯口　　　⑭灯座

图2-69　照明用配件（一）

⑮木螺钉　　　　㉑安装用配件　　　　㉗接线端子

⑯木底台　　　　㉒圆柱头螺钉　　　　㉘灯口　　　　㉝防水型插座

⑰螺钉吊钩　　　　㉓防水插座　　　　㉙荧光灯镇流器　　　　㉞万能插口

⑱顶灯灯座　　　　㉔三灯用灯口　　　　㉚天花板接线盒　　　　㉟开关

⑲玻璃球形灯罩　　　　㉕磁灯口　　　　㉛自动点灭器　　　　㊱软线插座

⑳照明配线管　　　　㉖荧光灯塔形插座　　　　㉜计时开关　　　　㊲万能插口

图 2-70　照明用配件（二）

五十、选择安装开关安装盒

1. 暗装式安装盒（见图 2-71）

金属盒或塑料暗装盒可嵌装在墙内，背面用螺钉固定在墙内，16mm 塑料盒可嵌在抹灰层内。

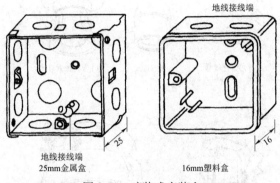

图 2-71　暗装式安装盒

2. 明装式塑料安装盒

这种安装盒凸出墙面 32mm，安装比较方便，见图 2-72。

3. 卡条安装盒

这种盒可与电线卡条配合起来使用，见图 2-73。

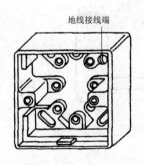

图 2-72　明装式塑料安装盒

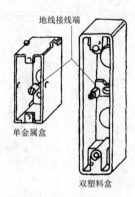

图 2-73　卡条安装盒

4. 木隔墙用安装盒

木隔墙用安装盒适合于木板条或胶合板隔墙上安装开关用，见图 2-74。

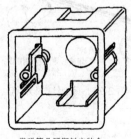

带弹簧凸耳塑料安装盒

图 2-74　木隔墙用带弹簧凸耳塑料安装盒

五十一、家用灯具选择（见图2-75）

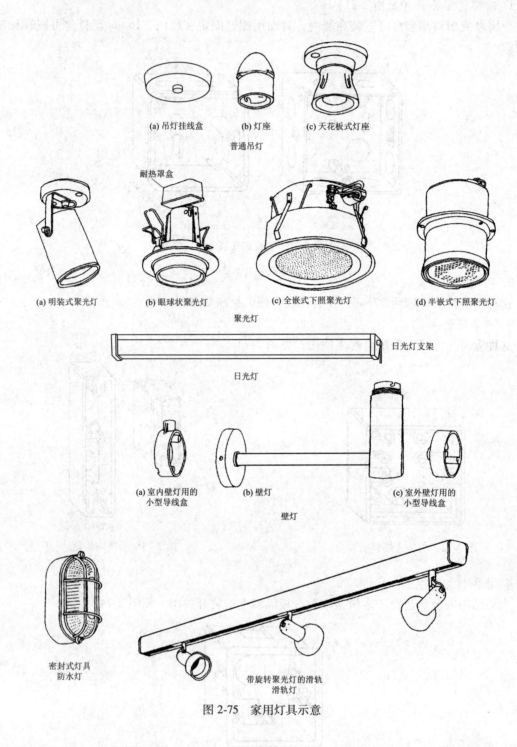

(a) 吊灯挂线盒　　(b) 灯座　　(c) 天花板式灯座

普通吊灯

耐热罩盒

(a) 明装式聚光灯　　(b) 眼球状聚光灯　　(c) 全嵌式下照聚光灯　　(d) 半嵌式下照聚光灯

聚光灯

日光灯支架

日光灯

(a) 室内壁灯用的
小型导线盒　　(b) 壁灯　　(c) 室外壁灯用的
小型导线盒

壁灯

密封式灯具
防水灯

带旋转聚光灯的滑轨
滑轨灯

图2-75　家用灯具示意

五十二、增加电视天线插座（见图2-76）

如果家中增加一台电视机，可在原有的天线电路中接入一个信号分频器，即可同时接入两台电视机的天线。信号分频器上有一个输入端和两个输出端，每个输出端用一根同轴电缆接到电视机的同轴电缆插座上。

在接收信号较差的区域，分频器引起信号减弱、图像不清，必须添加一个电视信号增强器。

天线可能要从室外穿过墙引入室内，分频器可设置在进入房间处。如两个房间有插座，分频器就可设在两房之间。

插座可装在墙内或踢脚板的上方。

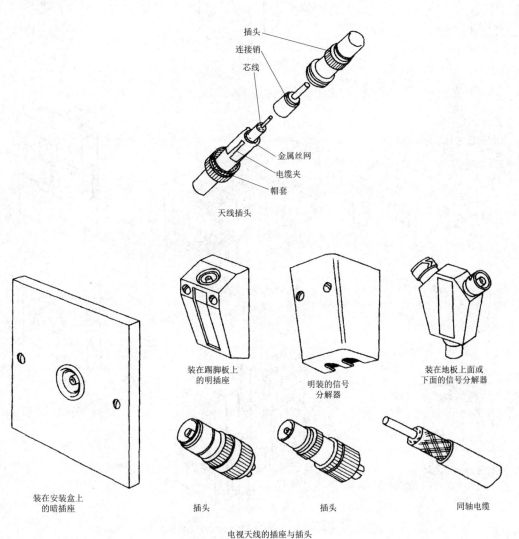

图 2-76　电视天线插座示意

五十三、增加安全、提供方便的时间控制器（见图2-77）

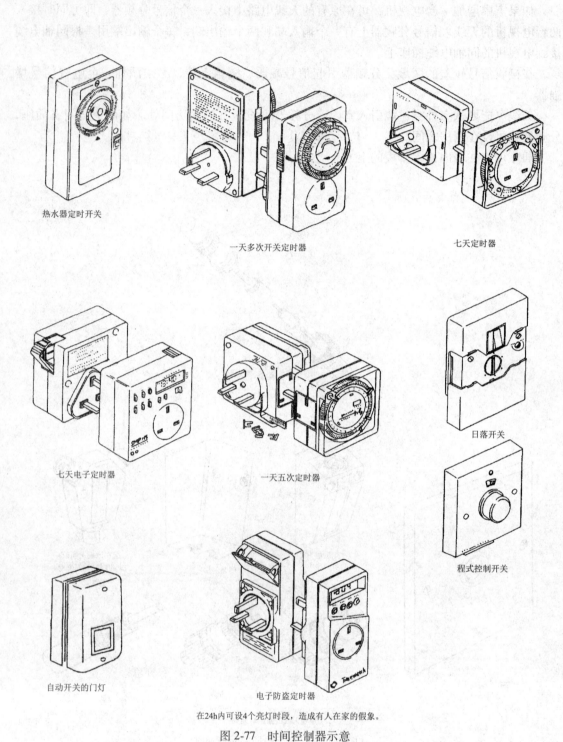

热水器定时开关

一天多次开关定时器

七天定时器

七天电子定时器

一天五次定时器

日落开关

程式控制开关

自动开关的门灯

电子防盗定时器

在24h内可设4个亮灯时段，造成有人在家的假象。

图 2-77　时间控制器示意

五十四、家庭防盗报警设施（见图 2-78）

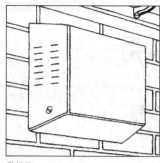

警报器
当外人闯入屋内时，报警器就会自动响起

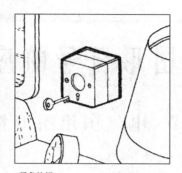

紧急按钮
可在床边或大门附近装置紧急按钮

大门警报器
当大门被外人打开会报警

声敏警报器
当有外人进入房间发出声响就会报警

红外线警报器
可感应外人的体热而报警

超声波警报器
当外人进入房间有声响时，报警器就会发出信号

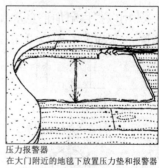

压力报警器
在大门附近的地毯下放置压力垫和报警器

图 2-78　家用防盗器示意

第三章

电气图形符号的应用

第一节 电气图用图形符号

一、图形符号的含义和构成

在图样或其他文件中用来表示一个设备或概念的图形、标记或字符，统称为图形符号。或者说，图形符号是通过书写、绘制、印刷或其他方法产生的可视图形，是一种以简明易懂的方式来传递一种信息，表示一个实物或概念，并可提供有关条件、相关性及动作信息的工业语言。

电气图用图形符号是构成电气图的基本单元，是电工技术文件中的"象形文字"，是电气"工程语言"的"词汇"和"单词"。因此，正确、熟练地理解、绘制和识别各种电气图形符号是电气制图与读图的基本功，这就像人们写文章、讲外语需要掌握词汇和单词一样。

图形符号通常由一般符号、符号要素、限定符号等组成。

用以表示一类产品或此类产品特征的一种通常很简单的符号，称为一般符号。

一种具有确定意义的简单图形，必须同其他图形组合以构成一个设备或概念的完整符号，称为符号要素。

例如，图 3-1（a）是构成电子管的几个符号要素：管壳、阳极、阴极（灯丝）、栅极。这些符号要素有确定的含义，但一般不能单独使用。这些符号要素以不同形式进行组合，就可以构成多种不同的图形符号，如图 3-1（b）、（c）、（d）所示的二极管、三极管、四极管。

一种用以提供附加信息的加在其他符号上的符号，称为限定符号，限定符号一般不能单独使用。一般符号有时也可用作限定符号，如电容器的一般符号加到扬声器符号上即构成电容式扬声器的符号。

限定符号有以下几类：

（1）电流和电压的种类，如交流电、直流电，交流电中频率的范围，直流电正极、负极、中性线、中间线等。

（2）可变性。可变性分为内在的可变性和非内在的可变性。内在的可变性，是指可变量决定于器件自身的性质，如压敏电阻的阻值随电压而变化。非内在的可变性，是指可变量是由外部器件控制的，如滑线电阻器的阻值是借外部手段来调节的。

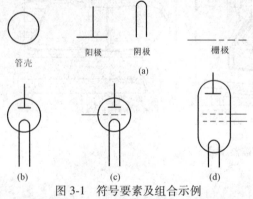

图 3-1　符号要素及组合示例

（a）符号要素；（b）二极管；（c）三极管；（d）四极管

（3）力和运动的方向。用实心箭头符号表示力和运动的方向。

（4）流动方向。用开口箭头符号表示能量、信号的流动方向。

（5）特性量的动作相关性。特性量的动作相关性是指设备、元件与整定值或正常值等相比较的动作特性，通常的限定符号有"＞""＜""≠""＝""≈"等。

（6）材料的类型。材料的类型可用化学元素符号或图形作为限定符号。

（7）效应或相关性。效应或相关性是指热效应、电磁效应、磁致伸缩效应、磁场效应、延时性和延迟性等，分别采用不同的附加符号加在元器件一般符号上，表示被加符号的功能和特性。

其他还有辐射、信号波形、印刷凿孔和传真等限定符号。

由于限定符号的应用，从而使图形符号更具多样性。例如，在电阻器一般符号的基础上，分别加上不同的限定符号，则可得到可变电阻器、滑线变阻器、压敏（U）电阻器、热敏（θ）电阻器、光敏电阻器、碳堆电阻器、功率为1W的电阻器，如图3-2所示。

还有一类图形符号，只用来表示元件、设备等的组合及其功能，既不给出元件、设备的细节，也不考虑所有连接的一种简单图形符号，称为方框符号。例如，图3-3（a）所示的整流器方框符号，它仅表示了由交流变为直流的功能，至于其内部的细节，如整流变压器、整流管等及其连接关系则不考虑。方框符号通常用在使用单线表示法的图中，也可用在表示出全部输入和输出接线的图中。图3-3（b）是整流器图形符号在一电气系统图中的应用，图中交流侧输入，三相带中性线（N），50Hz、380/220V；直流侧输出，带中间线（M）的三线制、220/110V。

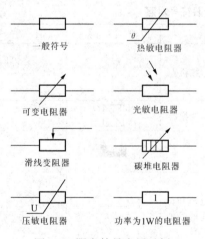

图 3-2　限定符号应用示例

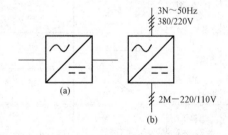

图 3-3　方框符号及应用示例
（a）整流器方框符号；（b）在系统图中的整流器符号

二、图形符号的分类

电气图形符号种类繁多，国标 GB/T 4728 将其分为 11 类：

（1）导线和连接器件，包括各种导线、接线端子、端子和导线的连接、连接器件、电缆附件等。

（2）无源元件，包括电阻器、电容器、电感器、铁氧体磁芯、磁存储器矩阵、压电晶体、驻极体、延迟线等。

（3）半导体管和电子管，包括二极管、三极管、晶闸管、电子管、辐射探测器等。

（4）电能的发生和转换，包括绕组、发电机、电动机、变压器、变流器等。

（5）开关、控制和保护装置，包括触点（触头）、开关、开关装置、控制装置、电动机、启动器、继电器、熔断器、火花间隙、避雷器等。

（6）测量仪表、灯和信号器件，包括指示、计算和记录仪表，热电偶，遥测装置，电钟，传感器，灯，喇叭和铃等。

（7）电信交换设备和外围设备，包括交换系统、选择器、电话机、电报和数据处理设备、传真机、换能器、记录和播放设备等。

（8）电信传输设备，包括通信电路、天线、无线电台及各种电信传输设备。

（9）电力、照明和电信布置，包括发电站、变电站、网络、音响和电视的电缆配电系统、开关、插座引出线、电灯引出线、安装符号等。

（10）二进制逻辑单元，包括组合和时序单元、运算器单元、延时单元、双稳、单稳和非稳单元、位移寄存器、计数器和存储器等。

（11）模拟单元，包括函数器、坐标转换器、电子开关等。

此外，还有一些其他符号，如机械控制、操作件和操作方法、非电量控制、接地、接机壳和等电位、理想电路元件（电流源、电压源、回转器）、电路故障、绝缘击穿等。

三、常用图形符号举例

常用电气图用图形符号及新旧符号对照见表 3-1。表中的新符号摘自 GB/T 4728，旧符号摘自 GB 312、GB 313、GB 314。

表 3-1　　　　　　　　　　　常用电气图用图形符号及新旧符号对照

序号	名　称	新　符　号	旧　符　号	序号	名　称	新　符　号	旧　符　号
1	直流			11	接机壳		
2	交流		=				
3	交直流		=	12	变换器		
4	手动控制			13	永久磁铁		=
5	脚踏操作			14	导线、电缆和母线的一般符号		
6	具有交流分量的整流电流储存机械能操作			15	柔软连接		=
7	凸轮操作			16	二股绞合导线		
8	电动机操作	M	D	17	同轴电缆		=
9	气动或液压操作			18	屏蔽导体		
10	接地		=				

序号	名　称	新　符　号	旧　符　号	序号	名　称	新　符　号	旧　符　号
19	导线的连接			36	P 型沟道结型场效应管		
20	导线的不连接		=	37	光敏电阻		
21	端子		=	38	光电池		
22	插头和插座		=	39	两相绕组		
23	连接片			40	三个独立绕组		=
24	电阻的一般符号			41	三角形连接的三相绕组		=
25	两个固定抽头的电阻器		=	42	开口三角形连接的三相绕组		=
26	电感器		=	43	星形连接三相绕组		=
27	有两个抽头的电感器		=	44	中性点引出的星形连接的三相绕组		=
28	电容器的一般符号			45	两个绕组 V 形（60°）连接的三相绕组		=
29	半导体二极管一般符号			46	6 个独立绕组		
30	单向击穿二极管			47	串励直流电动机		
31	双向击穿二极管						
32	三极晶体闸流管						
33	NPN 型半导体管						
34	PNP 型半导体管						
35	N 型沟道结型场效应管						

序号	名　称	新　符　号	旧　符　号	序号	名　称	新　符　号	旧　符　号
48	并励直流电动机			59	动合（常开）触点		
49	永磁直流发电机			60	动断（常闭）触点		
50	单相永磁同步发电机			61	先断后合的转换触点		
51	三相笼型异步电动机			62	先合后断的转换触点		
52	三相绕线转子异步电动机			63	延时闭合的动合（常开）触点		
53	双绕组变压器		＝	64	延时断开的动断（常闭）触点		
54	三绕组变压器		＝	65	延时断开的动合（常开）触点		
55	自耦变压器		＝	66	延时闭合的动断（常闭）触点		
56	电抗器			67	高压负荷开关		
57	电流互感器			68	高压断路器		
58	电压互感器		＝				

序号	名　称	新　符　号	旧　符　号	序号	名　称	新　符　号	旧　符　号
69	三极高压负荷开关			80	欠电压继电器	$U<$	=
70	三极熔断器式隔离开关			81	熔断器		←
71	三极高压隔离开关			82	火花间隙		
72	动合（常开）按钮	E-\		83	避雷器		
73	动断（常闭）按钮	E-7		84	热电偶		
74	热敏开关	θ		85	钟		
75	继电器线圈的一般符号		=	86	电流表	A	=
76	缓放继电器线圈		=	87	电压表	V	=
77	缓吸继电器线圈		=	88	电能表	Wh	=
78	热继电器驱动器件			89	放大器		
79	过电流继电器	$I>$	=	90	桥式全波整流器		
				91	电喇叭		=
				92	电铃		
				93	报警器		=
				94	蜂鸣器		

注："＝"表示旧符号与新符号相同；空栏表示旧标准无此符号。

四、关于图形符号应用的几点说明

（1）所有的图形符号，均按无电压、无外力作用的正常状态示出。例如，继电器、接触器的线圈未通电，开关未合闸，手柄置于"0"位，按钮未按下，行程开关未到位等。

（2）在图形符号中，某些设备元件有多个图形符号，有优选形、其他形，有形式1、形式2等。选用图形符号时，应遵循以下原则：尽可能采用优选形；在满足需要的前提下，尽量采用最简单的形式；在同一图号的图中使用同一种形式。以三相电力变压器图形符号为

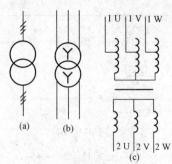

图 3-4 三相电力变压器符号
（a）一般符号；（b）补充了限定符号
的一般符号；（c）详细的符号

例，对于比较简单的简图，尤其是对于用单线表示法绘制的简图，可使用一般符号或简化形式的符号，如图 3-4（a）所示；对于比较详细的简图，可在一般符号的基础上补充某些限定符号，如图 3-4（b）所示的加入表示绕组连接方法的限定符号（Y/Y）；对于电路图，则必须使用完整形式的图形符号，如图 3-4（c）所示的绕组、端子及其代号（1U、1V、1W；2U、2V、2W）。

（3）符号的大小和图线的宽度一般不影响符号的含义，在有些情况下，为了强调某些方面、便于补充信息，或者为了区别不同的用途，允许采用不同大小的符号和不同宽度的图线。例如电力变压器和仪用电压互感器、发电机和励磁机、主回路和辅助回路等，往往采用不同的比例绘制。图 3-5（a）中三相交流发电机 GS 和直流励磁机 G 的符号画成一样大、图 3-5（b）中画成不一样大，两者都是允许的。

（4）为了保持图面的清晰，避免导线弯折或交叉，在不致引起误解的情况下，可以将符号旋转或成镜像放置，例如图 3-6 所示的晶体三极管、可变电阻器和整流桥的二极管图形符号都是等效的。

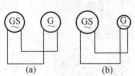

图 3-5 三相发电
机组符号
（a）按标准绘制；
（b）突出发电机符号

但是，图形符号旋转或成镜像放置后，原符号的文字标注和指示方向不得倒置。如图 3-7 中所示的热敏电阻和光电二极管符号，（a）图、（c）图是正确的，（b）图、（d）图则是错误的。因为，在图 3-7（b）中，热敏电阻的文字"θ"倒置了，（d）中光电二极管的光指示方向（箭头）倒置了。

（5）图形符号一般都画有引线，但在绝大多数情况下引线位置仅用作示例，在不改变符号含义的原则下，引线可取不同的方向。例如，如图 3-8 所示的变压器、扬声器、倍频器的符号中的引线方向改变，都是允许的。

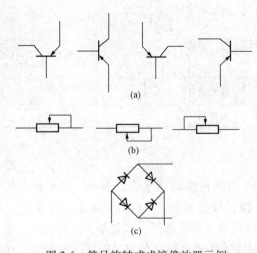

图 3-6 符号旋转或成镜像放置示例
（a）晶体三极管；（b）可变电阻器；（c）整流桥

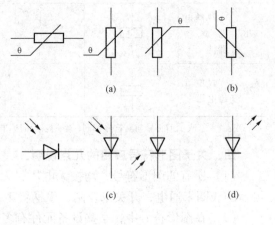

图 3-7 文字和指示方向标注示例
（a）、（c）正确的；（b）、（d）错误的

但是，在某些情况下，引线符号的位置影响到符号的含义，则不能随意改变，否则，会引起歧义。图 3-9 中，电阻器和继电器线圈的图形符号，若改变其引线位置则是错误的。

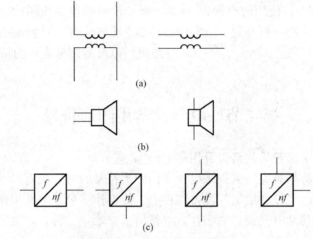

图 3-8　符号引线方向改变示例

（a）变压器；（b）扬声器；（c）倍频器

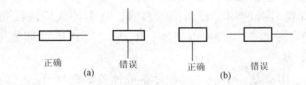

图 3-9　引线位置改变引起歧义示例

（a）电阻器；（b）继电器

（6）在 GB 4728 中比较完整地列出了符号要素、限定符号和一般符号，但组合符号是有限的。如果某些特定装置或概念的图形符号在标准中未列出，允许通过已规定的一般符号、限定符号和符号要素适当组合，派生出新的符号。例如，电阻式、热力式压力表在标准中没有它们的符号，但可根据指示仪表的一般符号和相应的限定符号适当组合，派生出这些仪表的图形符号，如图 3-10 所示。

（7）符号的绘制。电气图用图形符号是按网格绘制出来的，但网格未随符号示出，如图 3-11 所示的集电极接管壳的 NPN 型半导体管。

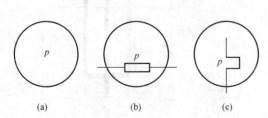

图 3-10　几种压力表的派生符号

（a）一般符号；（b）电阻式；（c）热力式

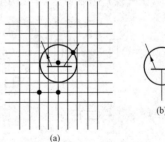

图 3-11　符号绘制示例

（a）按网格绘制；（b）实际示出符号

一般情况下，符号可直接用于绘图。布置符号时，应使连接线之间的距离是模数（2.5mm）的倍数，通常为一倍（5mm），以便标注端子的标志。

为便于在计算机辅助绘图系统中使用图形符号，一般规定如下：符号应设计成能用于特定模数 M 的网格系统中，使用的模数 M 为 2.5mm；符号的连接线同网格线重合并终止于网格线的交叉点上；矩形的边长和圆的直径应设计成 $2M$ 的倍数，对较小的符号则选为 $1.5M$、$1M$ 或 $0.5M$；两条连接线之间至少应有 $2M$ 的距离，以符号国标通行的最小字符高为 2.5mm 要求。

第二节　电气设备用图形符号

一、电气设备用图形符号的含义及用途

电气设备用图形符号是完全区别于电气图用图形符号的另一类符号。设备用图形符号主要适用于各种类型的电气设备或电气设备部件上，使操作人员了解其用途和操作方法。这些符号也可用于安装或移动电气设备的场合，以指出诸如禁止、警告、规定或限制等应注意的事项。

在电气图中，尤其是在某些电气平面图、电气系统说明书用图等图中，也可以适当地使用这些符号，以补充这些图所包含的内容。例如，图 3-12 所示的电路图，为了补充电阻器 R_1、R_2、R_4 的功能，在其符号旁使用了设备图形符号，从而使人们阅读和使用这个图时，便非常明确地知道，R_1 是"亮度"调整用电阻器，R_3 是"对比度"调整用电阻器，R_4 是"彩色饱和度"调整用电阻器。

设备用图形符号的主要用途是：识别（例如设备或抽象概念）、限定（例如变量或附属功能）、说明（例如操作或使用方法）、命令（例如应做或不应做的事）、警告（例如危险警告）、指示（例如方向、数量）。

设备用电气图形符号与电气图用图形符号的形式大部分是不同的，但有一些也是相同的，不过含义大不相同。如图 3-13 的熔断器与电气图用图形符号的形式是一样的，但电气图用熔断器符号表示的是一类熔断器。而设备用图形符号如果标在设备外壳上，则表示熔断器盒及其位置；如果标在某些电气图上，也仅仅表示这是熔断器的安装位置。

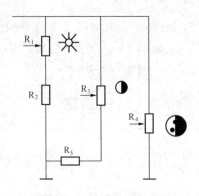

图 3-12　附加有设备用图形符号的电气图示例

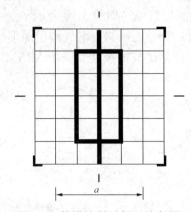

图 3-13　符号绘制示例（熔断器）

二、设备用图形符号的绘制方法

为了有效地传递信息，设备用图形符号的含义必须明确，图形尽量简单、清晰、易于理解、易于辨认和识别。

设备用图形符号必须按一定比例绘制，如图3-13所示的熔断器，符号宽 $h = 0.54a$、符号高 $b = 1.46a$，这里的 a 是基本尺寸。在原形符号中，$a = 50mm$，这样，熔断器图形符号的原形尺寸：$h = 0.54 \times 50mm = 27mm$，$b = 1.46 \times 50mm = 73mm$，线条宽度为2mm。实际应用时，必须以此为依据，成比例地放大或缩小。

三、常用设备用图形符号

《电气设备用图形符号》（GB/T 5465）将设备用图形符号分为6个部分：通用符号，广播、电视及音响设备符号，通信、测量、定位符号，医用设备符号，电化教育符号，家用电器及其他符号。表3-2列出了常用的一些符号。

表3-2　　　　　　　　　　　常用电气设备用图形符号

序号	名　称	符　号	尺寸比例（$h \times b$）	应　用　范　围
1	直流电		$0.36a \times 1.40a$	适用于直流电的设备的铭牌上，以及用于表示直流电的端子
2	交流电		$0.44a \times 1.46a$	适用于交流电的设备的铭牌上，以及用于表示交流电的端子
3	正号、正极	+	$1.20a \times 1.20a$	表示使用或产生直流电设备的正端
4	负号、负极		$0.08a \times 1.20a$	表示使用或产生直流电设备的负端
5	电池检测		$0.80a \times 1.00a$	表示电池测试按钮和表明电池情况的灯或仪表
6	电池定位		$0.54a \times 1.40a$	表示电池盒（箱）本身和电池的极性和位置
7	整流器		$0.82a \times 1.46a$	表示整流设备及其有关接线端和控制装置
8	变压器		$1.48a \times 0.80a$	表示电气设备可通过变压器与电力线连接的开关、控制器、连接器或端子，也可用于变压器包封或外壳上
9	熔断器		$0.54a \times 1.46a$	表示熔断器盒及其位置
10	测试电压		$1.30a \times 1.20a$	表示该设备能承受 500V 的测试电压
11	危险电压		$1.26a \times 0.50a$	表示危险电压引起的危险
12	Ⅱ类设备		$1.04a \times 1.04a$	表示能满足第Ⅱ类设备（双重绝缘设备）安全要求的设备

序号	名　称	符　号	尺寸比例（$h×b$）	应　用　范　围
13	接地		$1.30a×0.79a$	表示接地端子
14	保护接地		$1.16a×1.16a$	表示在发生故障时防止电击的与外保护导体相连接的端子，或与保护接地电极相连接的端子
15	接机壳、接机架		$1.25a×0.91a$	表示连接机壳、机架的端子
16	输入		$1.00a×1.46a$	表示输入端
17	输出		$1.00a×1.46a$	表示输出端
18	过载保护装置		$0.92a×1.24a$	表示一个设备装有过载保护装置
19	通		$1.12a×0.08a$	表示已接通电源，必须标在电源开关或开关的位置
20	断		$1.20a×1.20a$	表示已与电源断开，必须标在电源开关或开关的位置
21	可变性（可调性）		$0.40a×1.40a$	表示量的被控方式，被控量随图形的宽度而增加
22	调到最小		$0.60a×1.36a$	表示量值调到最小值的控制
23	调到最大		$0.58a×1.36a$	表示量值调到最大值的控制
24	灯、照明、照明设备		$1.32a×1.34a$	表示控制照明光源的开关
25	亮度、辉度		$1.40a×1.40a$	表示诸如亮度调节器、电视接收机等设备的亮度、辉度控制
26	对比度		$1.16a×1.16a$	表示诸如电视接收机等的对比度控制
27	色饱和度		$1.16a×1.16a$	表示彩色电视机等设备上的色彩饱和度控制

注：原始图形中 $a=50mm$。

电气图的制图规则

第一节 图纸的幅面和分区

一、图面的构成及幅面尺寸

完整的图面由边框线、图框线、标题栏、会签栏组成，如图 4-1 所示。由边框线所围成的图面，称为图纸的幅面。幅面尺寸共分五类：A0~A4，见表 4-1。尺寸代号的意义见图 4-1。

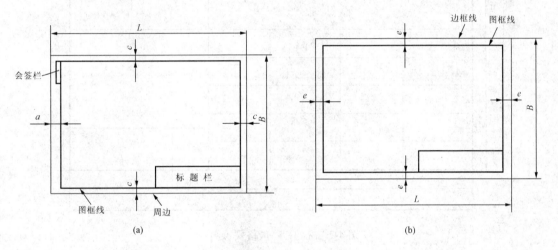

图 4-1　图面的构成

(a) 留装订边；(b) 不留装订边

表 4-1　　　　　　　　　　　　幅面尺寸及代号　　　　　　　　　　　　mm

幅面代号	A0	A1	A2	A3	A4
宽×长（$B \times L$）	841×1189	594×841	420×594	297×420	210×297
留装订边的边宽（c）	10			5	
不留装订边的边宽（e）	20		10		
装订侧边宽（a）	25				

A0~A2 号图纸一般不得加长，A3、A4 号图纸可根据需要，沿短边加长。例如 A4 号图纸的短边长为 210mm，若加长到 A4×4 号图纸，则为 210mm×4≈841mm，故 A4×4 的幅面尺寸为 297mm×841mm。加长号图幅尺寸见表 4-2。

不留装订边的与留装订边的图纸的绘图面积基本相等。随着缩微技术的发展，留装订边的图纸将会逐渐减少或淘汰。

79

表 4-2　　　　　　　　　　　　　加长号图幅尺寸

代　　号	尺　寸（mm）	代　　号	尺　寸（mm）
A3×3	420×891	A4×4	297×841
A3×4	420×1189	A4×5	297×1051
A4×3	297×630		

　　选择幅面尺寸的基本前提是：保证幅面布局紧凑、清晰和使用方便。主要考虑的因素是：所设计对象的规模和复杂程度；由简图种类所确定的资料的详细程度；尽量选用较小幅面；便于图纸的装订和管理；复印和缩微的要求；计算机辅助设计的要求。

　　栏题栏是用以确定图样名称、图号、张次、更改和有关人员签名等内容的栏目，它相当于图样的"铭牌"。标题栏的一般格式如图 4-2 所示。

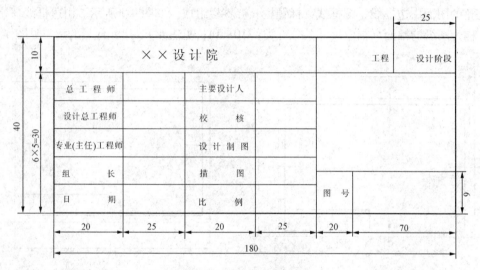

图 4-2　标题栏一般格式示例

　　标题栏的位置一般在图纸的右下方或下方。栏题栏中的文字方向为看图方向，即图中的文字说明、符号标注等均以标题栏文字方向为依据（参考方向）。

　　会签栏是供各相关专业的设计人员会审图样时签名和标注日期用的。

二、图样编号

　　为了生产、管理上的需要和用图的方便，所有的图都应在标题栏内编注图号。图纸的编号方法尚无统一规定，一般由图号和检索号两部分组成。

三、图幅分区

　　为了便于确定图上的内容、补充、更改和组成部分等的位置，也为了在用图时便于查找图中各项目的位置，往往需要将图幅分区。

　　图幅分区的方法是：在图的边框处，竖边方向用大写拉丁字母表示，横边方向用阿拉伯数字表示；编号的顺序应从标题栏相对的左上角开始；分区数应是偶数。图幅分区式样见图 4-3。

　　图幅分区以后，相当于在图样上建立了一个坐标，电气图上项目和连接线的位置则由此"坐标"唯一地确定下来。

　　项目和连接线在图上的位置可用如下方式表示：用行的代号（拉丁字母）表示；用列

的代号（阿拉伯数字）表示；用区的代号表示。区的代号为字母和数字的组合，且字母在左，数字在右。

图 4-3 中，项目 $-x$ 和 $-y$ 的位置表示方法见表 4-3。表中另一表示方法的说明在"08 号"图上。

在有些情况下，还可注明图号、张次、也可引用项目代号，例如：在相同图号第 34 张 A6 区内，标记为"34/A6"；在图号为 3219 的单张图 F3 区内，标记为"图 3219/F3"；在图号为 4752 的第 28 张图 G8 区内，标记为"图 4752/28/G8"；在 =S2 系统单张

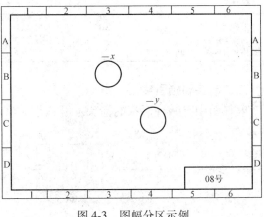

图 4-3　图幅分区示例

图 C2 区内，标记为"=S2/C2"；在 =SP 系统第 31 张图 E7 区内，标记为"=SP/31/E7"。

表 4-3　　　　　　　　　　　　　　项目位置标记示例

项 目 位 置	标 记 方 法	项 目 位 置	标 记 方 法
$-x$ 在 B 行内	B 或 08/B	$-y$ 在 C 行内	C 或 08/C
$-x$ 在 3 列内	3 或 08/3	$-y$ 在 4 列内	4 或 08/4
$-x$ 在 B3 区内	B3 或 08/B3	$-y$ 在 C4 区内	C4 或 08/C4

第二节　图线、字体及其他

一、图线

机械制图标准中，规定了 8 种图线，即粗实线、细实线、波浪线、双折线、虚线、细点画线、粗点画线、双点画线，其代号依次为 A、B、C、D、F、G、J、K。

根据电气图的需要，一般只使用其中的 4 种图线，见表 4-4。

表 4-4　　　　　　　　　　　　电气图图线的型式和应用范围

图线名称	图 线 型 式	一 般 应 用	图线宽度（mm）
实　　线	———	基本线，简图主要内容用线，可见轮廓线，可见导线	0.25，0.35，0.5，0.7，1.0，1.4
虚　　线	— — — —	辅助线、屏蔽线、机械连接线、不可见轮廓线、不可见导线、计划扩展内容用线	
点画线	— · —	分界线、结构围框线、功能围框线、分组围框线	
双点画线	— · · —	辅助围框线	

二、字体

图中的文字、字母和数字是电气图的重要组成部分。图面上字体的大小依图幅而定。为了适应缩微的要求，国家标准推荐的电气图中字体的最小高度见表 4-5。

图纸幅面代号	A0	A1	A2	A3	A4
字体最小高度（mm）	5	3.5	2.5	2.5	2.5

表 4-5　　　　　　　　　　　电气图中字体最小高度

三、箭头和指引线

电气图中有两种形状的箭头：开口箭头和实心箭头。

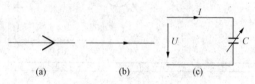

图 4-4　电气图中的箭头
（a）开口箭头；（b）实心箭头；（c）应用示例

开口箭头如图 4-4（a）所示，主要用作电气能量、电气信号的传递方向（能量流、信息流流向）。

实心箭头如图 4-4（b）所示，主要用于可变性、力或运动方向，以及指引线方向。

箭头应用示例如图 4-4（c）所示，其中，电流 I 方向用开口箭头表示，可变电容的可变性限定符号用实心箭头表示，电压 U 指示方向用实心箭头表示。

指引线用来指示注释的对象，它应为细实线，并在其末端加注如下标记：指向轮廓线内，用一黑点表示，如图 4-5（a）所示；指向轮廓线上，用一实心箭头表示，如图 4-5（b）所示；指向电气连接线上，加一短画线表示，如图 4-5（c）所示。

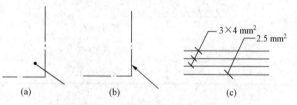

图 4-5　指引线末端指示标记

四、围框

当需要在图上显示出图的某一部分，如功能单元、结构单元、项目组（电器组、继电器装置）时，可用点画线围框表示。为了图面的清晰，围框的形状可以是不规则的。如图 4-6（a）所示，继电器-K 由线圈和三对触点组成，用一围框表示，其组成关系更加明显。

用围框表示的单元，若在其他文件上给出可供查阅其功能的资料，则该单元的电路等可

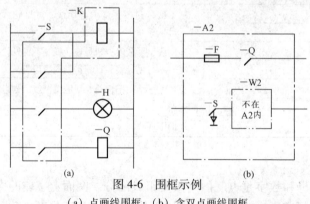

图 4-6　围框示例
（a）点画线围框；（b）含双点画线围框

82

简化或省略。如果在图上含有安装在别处而功能与本图相关的部分，这部分可加双点画线围框。例如图4-6（b）的-A2单元内包括熔断器F、按钮S1、开关Q1及功能单元-W1等，他们在一个围框内。-W1单元是功能上与之相关的项目，但不装在-A2单元内，用双点画线围框表示，并且由于-W1单元在图17中已详细给出，这里将其内部连接省略。

五、比例

图面上图形尺寸与实物尺寸的比值称为比例。大部分电气图（如电路图等）都是不按比例绘制的，但位置图等一般按比例绘制，并且多按缩小比例绘制。通常采用的缩小比例系列为：1:10，1:20，1:50，1:100，1:200，1:500。如需要选用其他比例，可按制图的有关规定（见表4-6）选用。

表4-6   制图规定的比例

与实物相同	$1:1$
缩小的比例	$1:1.5$，$1:2$，$1:2.5$，$1:3$，$1:4$，$1:5$，$1:10^n$，$1:1.5\times10^n$，$1:2\times10^n$，$1:2.5\times10^n$，$1:5\times10^n$
放大的比例	$2:1$，$2.5:1$，$4:1$，$5:1$，$(10\times n):1$

注：1. n 为正整数。

    2. 比例不再标注代号"M"。

六、尺寸注法

在某些电气图上也需要标注尺寸。图样中的尺寸一般由尺寸线、尺寸界线、尺寸起止箭头（或45°短画线）、尺寸数字四个要素组成。

1. 尺寸注法的基本规则

物件的真实大小应以图样上的尺寸数字为依据，与图形大小及绘图的准确度无关；图样中的尺寸数字，如没有明确说明，一律以mm为单位；图样中所标注的尺寸，为该图样所示机件的最后完工尺寸；物件的每一尺寸，一般只标注一次，并应标注在反映该结构最清晰的图形上。

2. 尺寸注法

线性尺寸（长度、宽度、厚度）的尺寸数字一般注写在尺寸线上方，也可注写在尺寸线的中断处，如图4-7（a）所示；角度数字一律写成水平方向，注写在尺寸线的中断处，也可采用引出注写的方式，如图4-7（b）所示；在没有足够的位置画箭头或注写数字时也可移出标注，如图4-7（d）所示；一些特定尺寸必须标注符号，如：直径符号ϕ，半径符号R，球符号S，球直径符号$S\phi$，球半径符号SR，如图4-7（c）所示；厚度符号可用δ表示：参考尺寸用（ ）表示；正方形符号用□表示等。

七、安装标高

标高有绝对标高和相对标高两种表示方法。绝对标高又称为海拔高度，它是以青岛市外黄海平面作为零点来确定的高度尺寸。相对标高是选定某一参考面或参考点为零点而确定的高度尺寸。电气位置图均采用相对标高。它一般采用室外某一平面、某层楼平面作为零点来计算高度。这一标高称为安装标高或敷设标高。安装标高的符号及标高尺寸标注示例如图4-8所示。图中（a）用于室内平面、剖面图上，表示高出某一基准面3.000m；图中（b）用于总平面图上的室外地面，表示高出室外某一基准面4.000m。

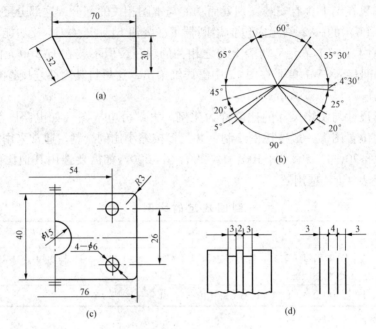

图 4-7　尺寸注法示例

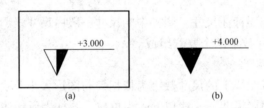

图 4-8　安装标高的符号及尺寸标注示例

（a）室内平面或剖面图标高；（b）总平面图上室外地面标高

八、方位和风向频率标记

电力、照明和电信布置图等类图纸一般按上北、下南、右东、左西表示电气设备或构筑物的位置和朝向，但在许多情况下须用方位标记表示其朝向。方位标记如图 4-9（a）所示，其箭头方向表示正北方向（N）。

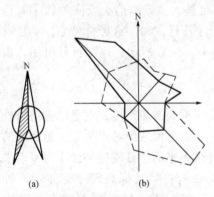

图 4-9　方位和风向频率标记

（a）方位标记；（b）风向频率标记

为了表示设备安装地区一年四季风向情况，在电气布置图上往往还标有风向频率标记。它是根据某一地区多年平均统计的各个方向吹风次数的百分值，按一定比例绘制而成的。风向频率标记形似一朵玫瑰花，故又称为风玫瑰图。图 4-9（b）是某地区的风向频率标记，其箭头表示正北方向，实线表示全年的风向频率，虚线表示夏季（6~8 月）的风向频率。由此可知，该地区常年以西北风为主，而夏季以东南风和西北风为主。

九、建筑物定位轴线

电力、照明和电信布置图通常是在建筑物平面图上完成的。在这类图上一般标有建筑物定位轴线。凡承重墙、柱、梁等主要承重构件的位置所画的轴线，称为定位轴线。定位轴线编号的基本原则是：在水平方向，从左至右用顺序的阿拉伯数字；在垂直方向采用拉丁字母（I、O、Z 不用），由下向上编写；数字和字母分别用点画线引出。轴线标注式样如图 4-10 所示。

一般而言，各相邻定位轴线间的距离是相等的，所以，位置图上的定位轴线相当于地图上的经纬线，也类似于图幅分区，同样有助于制图和读图时确定设备的位置和计算电气管线的长度。

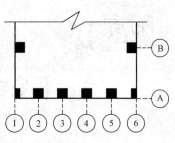

图 4-10　建筑物定位轴线示例

国家标准《建筑电气制图标准》
(GB/T 50786—2012) 节录

3 基 本 规 定

3.1 图 线

3.1.1 建筑电气专业的图线宽度（b）应根据图纸的类型、比例和复杂程度，按现行国家标准《房屋建筑制图统一标准》GB/T 50001 的规定选用，并宜为 0.5mm、0.7mm、1.0mm。

3.1.2 电气总平面图和电气平面图宜采用三种及以上的线宽绘制，其他图样宜采用两种及以上的线宽绘制。

3.1.3 同一张图纸内，相同比例的各图样，宜选用相同的线宽组。

3.1.4 同一个图样内，各种不同线宽组中的细线，可统一采用线宽组中较细的细线。

3.1.5 建筑电气专业常用的制图图线、线型及线宽宜符合表 3.1.5 的规定。

表 3.1.5　　　　　　　　　　　制图图线、线型及线宽

图线名称		线　型	线宽	一　般　用　途
实线	粗	———————	b	本专业设备之间电气通路连接线、本专业设备可见轮廓线、图形符号轮廓线
	中粗	———————	0.7b	本专业设备可见轮廓线、图形符号轮廓线、方框线、建筑物可见轮廓
	中		0.5b	
	细	———————	0.25b	非本专业设备可见轮廓线、建筑物可见轮廓；尺寸、标高、角度等标注线及引出线
虚线	粗	– – – – – –	b	本专业设备之间电气通路不可见连接线；线路改造中原有线路
	中粗	– – – – – –	0.7b	本专业设备不可见轮廓线、地下电缆沟、排管区、隧道、屏蔽线、连锁线
	中	– – – – – –	0.5b	
	细	– – – – – –	0.25b	非本专业设备不可见轮廓线及地下管沟、建筑物不可见轮廓线等

图线名称		线 型	线宽	一 般 用 途
波浪线	粗	∿∿∿	b	本专业软管、软护套保护的电气通路连接线、蛇形敷设线缆
	中粗	∿∿∿	0.7b	
单点长画线		— · — · —	0.25b	定位轴线、中心线、对称线；结构、功能、单元相同围框线
双点长画线		— ·· — ·· —	0.25b	辅助围框线、假想或工艺设备轮廓线
折断线		—— ⋀ ——	0.25b	断开界线

3.1.6 图样中可使用自定义的图线、线型及用途，并应在设计文件中明确说明。自定义的图线、线型及用途不应与本标准及国家现行有关标准相矛盾。

3.2 比 例

3.2.1 电气总平面图、电气平面图的制图比例，宜与工程项目设计的主导专业一致，采用的比例宜符合表 3.2.1 的规定，并应优先采用常用比例。

表 3.2.1　　　　　　　　　电气总平面图、电气平面图的制图比例

序号	图 名	常用比例	可用比例
1	电气总平面图、规划图	1：500、1：1000、1：2000	1：300、1：5000
2	电气平面图	1：50、1：100、1：150	1：200
3	电气竖井、设备间、电信间、变配电室等平面图、剖面图	1：20、1：50、1：100	1：25、1：150
4	电气详图、电气大样图	10：1、5：1、2：1、1：1、1：2、1：5、1：10、：1：20	4：1、1：25、1：50

3.2.2 电气总平面图、电气平面图应按比例制图，并应在图样中标注制图比例。

3.2.3 一个图样宜选用一种比例绘制。选用两种比例绘制时，应做说明。

3.3 编号和参照代号

3.3.1 当同一类型或同系统的电气设备、线路（回路）、元器件等的数量大于或等于 2 时，应进行编号。

3.3.2 当电气设备的图形符号在图样中不能清晰地表达其信息时，应在其图形符号附近标注参照代号。

3.3.3 编号宜选用 1，2，3，…数字顺序排列。

3.3.4 参照代号采用字母代码标注时，参照代号宜由前缀符号、字母代码和数字组成。当采用参照代号标注不会引起混淆时，参照代号的前缀符号可省略。参照代号的字母代码应按本标准表 4.2.4 选择。

3.3.5 参照代号可表示项目的数量、安装位置、方案等信息。参照代号的编制规则宜在设计文件里说明。

3.4 标 注

3.4.1 电气设备的标注应符合下列规定：

1. 宜在用电设备的图形符号附近标注其额定功率、参照代号。

2. 对于电气箱（柜、屏），应在其图形符号附近标注参照代号，并宜标注设备安装容量。

3. 对于照明灯具，宜在其图形符号附近标注灯具的数量、光源数量、光源、安装容量、安装高度、安装方式。

3.4.2 电气线路的标注应符合下列规定：

1. 应标注电气线路的回路编号或参照代号、线缆型号及规格、根数、敷设方式、敷设部位等信息。

2. 对于弱电线路，宜在线路上标注本系统的线型符号，线型符号应按本标准表 4.1.4 标注。

3. 对于封闭母线、电缆梯架、托盘和槽盒宜标注其规格及安装高度。

3.4.3 照明灯具安装方式、线缆敷设方式及敷设部位，应按本标准表 4.2.1-1~4.2.1-3 的文字符号标注。

4 常 用 符 号

4.1 图 形 符 号

4.1.1 图样中采用的图形符号应符合下列规定：

1. 图形符号可放大或缩小。

2. 当图形特号旋转或镜像时，其中的文字宜为视图的正向。

3. 当图形符号有两种表达形式时，可任选用其中一种形式，但同一工程应使用同一种表达形式。

4. 当现有图形符号不能满足设计要求时，可按图形符号生成原则产生新的图形符号；新产生的图形符号宜由一般符号与一个或多个相关的补充符号组合而成。

5. 补充符号可置于一般符号的里面、外面或与其相交。

4.1.2 强电图样宜采用表 4.1.2 的常用图形符号。

表 4.1.2　　　　　　　　强电图样的常用图形符号

序号	常用图形符号		说　明	应用类别
	形式 1	形式 2		
1	——— /// —	—— 3 —	导线组（示出导线数，如示出三根导线）Group of connections (number of connections indicated)	电路图、接线图、平面图、总平面图、系统图

序号	常用图形符号		说　明	应用类别
	形式1	形式2		
2	～		软连接 Flexible connectlon	电路图、接线图、平面图、总平面图、系统图
3	○		端子 Terminal	
4	▢▢▢▢▢		端子板 Terminal strip	电路图
5	⊤		T 形连接 T-connection	电路图、接线图、平面图、总平面图、系统图
6			导线的双 T 连接 Double junction of conductors	
7			跨接连接（跨越连接）Bridge connection	
8			阴接触件（连接器的）、插座 Contact, female（of a socket or plug）	电路图、接线图、系统图
9	■		阳接触件（连接器的）、插头 Contact, male（of a socket or plug）	电路图、接线图、平面图、系统图
10			定向连接 Directed connection	
11			进入线束的点 Point of access to a bundle（本符号不适用于表示电气连接）	电路图、接线图、平面图、总平面图、系统图
12	▭		电阻器，一般符号 Resistor, general symbol	
13	⊣⊢		电容器，一般符号 Capacitor, general symbol	
14	▽		半导体二极管，一般符号 Semiconductor diode, general symbol	电路图
15	▽		发光二极管（LED），一般符号 Light emitting diode（LED）, general symbol	
16			双向三极闸流晶体管 Bidirectional triode thyristor；Triac	
17			PNP 晶体管 PNP transistor	

序号	常用图形符号		说　　明	应用类别
	形式 1	形式 2		
18	★		电机，一般符号 Machine，general symbol，见注 2	电路图、接线图、平面图、系统图
19	M 3～		三相笼式感应电动机 Three-phase cage induction motor	
20	M 1～		单相笼式感应电动机 Single-phase cage induction motor 有绕组分相引出端子	电路图
21	M 3～		三相绕组式转子感应电动机 Induction motor，three-phase，with wound rotor	
22			双绕组变压器，一般符号 Transformer with two windings，general symbol（形式 2 可表示瞬时电压的极性）	
23			绕组间有屏蔽的双绕组变压器 Transformer with two windings and screen	
24			一个绕组上有中间抽头的变压器 Transformer with center tap on one winding	电路图、接线图、平面图、总平面图、系统图　形式 2 只适用于电路图
25			星形　二角形连接的三相变压器 Three-phase transformer，connection star-delta	
26	4		具有 4 个抽头的星形—星形连接的三相变压器 Three-phase transformer with four taps，connection：star-delta	
27	3 Y △		单相变压器组成的三相变压器，星形—三角形连接 Three-phase bank of singlephase transformer，connection star-delta	

序号	常用图形符号		说　明	应用类别
	形式1	形式2		
28			具有分接开关的三相变压器，星形—三角形连接 Three-phase transformer with tap changer	电路图、接线图、平面图、系统图　形式2只适用于电路图
29			三相变压器，星形—星形—三角形连接 Three-phase transformer, connection star-star-delta	电路图、接线图、平面图、系统图　形式2只适用于电路图
30			自耦变压器，一般符号 Auto-transformer, general symbol	电路图、接线图、平面图、总平面图、系统图　形式2只适用于电路图
31			单相自耦变压器 Auto-transformer, single-phase	电路图、接线图、系统图　形式2只适用于电路图
32			三相自耦变压器，星形连接 Auto-transformer, Three-phase, connection star	
33			可调压的单相自耦变压器 Auto-transformer, single-phase with voltage regulation	
34			三相感应调压器 Three-phase induction regulator	电路图、接线图、系统图　形式2只适用于电路图
35			电抗器，一般符 Reactor, general symbol	
36			电压互感器 Voltage transformer	
37			电流互感器，一般符号 Current transformer, general symbol	电路图、接线图、平面图、总平面图、系统图　形式2只适用于电路图

序号	常用图形符号		说　明	应用类别
	形式 1	形式 2		
38			具有两个铁芯，每个铁芯有一个次级绕组的电流互感器，Current transformer with two cores with one secondary winding on each core，见注 3，其中形式 2 中的铁芯符号可以略去	
39			在一个铁芯上具有两个次级绕组的电流互感器，Current transformer with two secondary winding on one core，形式 2 中的铁芯符号必须画出	
40			具有三条穿线一次导体的脉冲变压器或电流互感器 Pulse or current transformer with three threaded primary conductors	
41			三个电流互感器（四个次级引线引出）Three current trans formers	电路图、接线图、系统图
42			具有两个铁芯，每个铁芯有一个次级绕组的三个电流互感器 Three current transformers with two cores with one secondary winding on each core，见注 3	形式 2 只适用于电路图
43			两个电流互感器，导线 L1 和导线 L3；三个次级引线引出 Two current transformers on L1 and L3, three secondary lines	
44			具有两个铁芯，每个铁芯有一个次级绕组的两个电流互感器 Two current transformers with two cores with one secondary winding on each core，见注 3	

序号	常用图形符号		说　　明	应用类别
	形式1	形式2		
45	○		物件，一般符号 Object, general symbol	电路图、接线图、平面图、系统图
46	□			
47	▭ 注4			
48	~/ū —		有稳定输出电压的变换器 Converter wlth sta bilized out-put voltage	电路图、接线图、系统图
49	f1/f2		频率由f1变到f2的变频器 Frequency converter, changing from f1 to f2（f1和f2可用输入和输出频率的具体数值代替）	电路图、系统图
50	═/═		直流/直流变换器 DC/DC converter	
51	~/═		整流器 Rectifier	
52	═/~		逆变器 Inverter	电路图、接线图、系统图
53	~/═		整流器/逆变器 Rect ifier/Inverter	
54	⊣⊢		原电池 Primary cell 长线代表阳极，短线代表阴极	
55	G		静止电能发生器，一般符号 Static generator, general symbol	电路图、接线图、平面图、系统图
56	G ⊣⊢		光电发生器 Photovoltaic generator	电路图、接线图、系统图
57	I△ ⊗ ▽		剩余电流监视器 Residual current monlfor	

序号	常用图形符号		说　明	应用类别
	形式1	形式2		
58			动合（常开）触点，一般符号；开关，一般符号 Make contact, general symbol; Switch, general symbol	电路图、接线图
59			动断（常闭）触点 Break contact	
60			先断后合的转换触点 Change-over break before make contact	
61			中间断开的转换触点 Change-over contact with off-position	
62			先合后断的双向转换触点 Change-over make before break contact, both ways	
63			延时闭合的动合触点 Make contact, delayed closing（当带该触点的器件被吸合时，此触点延时闭合）	
64			延时断开的动合触点 Make contact, delayed opening（当带该触点的器件被释放时，此触点延时断开）	
65			延时断开的动断触点 Break contact, delayed opening（当带该触点的器件被吸合时，此触点延时断开）	电路图、接线图
66			延时闭合的动断触点 Break contact, delayed closing（当带该触点的器件被释放时，此触点延时闭合）	
67			可自动复位的手动按钮开关 Switch, manually operated, push-button, automatic return	
68			无自动复位的手动旋转开关 Switch, manually operated, turning, stay-put	

序号	常用图形符号		说　明	应用类别
	形式1	形式2		
69	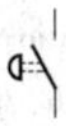		具有动合触点且可自动复位的蘑菇头式的应急按钮开关 Push-button switch, type mushroom-head, key by operation	
70	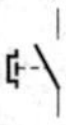		带有防止无意操作的手动控制的具有动合触点的按钮开关 Push-button switch, protected against unintentional operation	
71	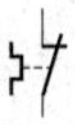		热继电器，动断触点 Thermal relay or release, break contact	电路图、接线图
72	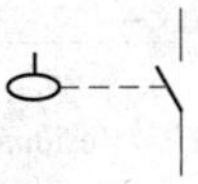		液位控制开关，动合触点 Actuated by liquid level switch, make contact	
73	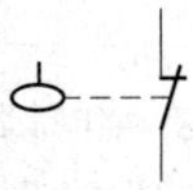		液位控制开关，动断触点 Actuated by liquid level switch, break contact	
74	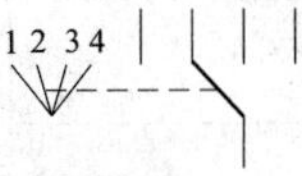		带位置图示的多位开关，最多四位 Multi-position switch, with position diagram	电路图
75			接触器；接触器的主动合触点 Contactor; Main make contact of a contactor（在非操作位置上触点断开）	
76			接触器；接触器的主动断触点 Contactor; Main break contact of a contactor（在非操作位置上触点闭合）	电路图、接线图
77			隔离器 Disconnector; Isolator	
78			隔离开关 Switch-disconnector; on-load isolating switch	

序号	常用图形符号		说　　明	应用类别
	形式1	形式2		
79			带自动释放功能的隔离开关 Switch-disconnector, automatic release, On-load isolating switch, automatic（具有由内装的测量继电器或脱扣器触发的自动释放功能）	
80			断路器，一般符号 Circuit breaker, genl-eral symbol	
81			带隔离功能断路器 Circult breaker with disconnector（isolator）function	
82			剩余电流动作断路器 Residual current operated circuit-breaker	
83			带隔离功能的剩余电流动作断路器 Residual current operated circuit-breaker with disconnector（isolator）function	电路图、接线图
84			继电器线圈，一般符号；驱动器件，一般符号 Relay coil, general symbol；operating device, general symbol	
85			缓慢释放继电器线圈 Relay coil of a slow-releasing relay	
86			缓慢吸合继电器线圈 Relay coil of a slow-operating relay	
87			热继电器的驱动器件 Operating device of a thermal relay	
88			熔断器，一般符号 Fuse, general symbol	
89			熔断器式隔离器 Fuse-disconnector；Fuse isolator	

序号	常用图形符号		说　明	应用类别
	形式 1	形式 2		
90			熔断器式隔离开关 Fuse switch-disconnector；On-load isolating fuse switch	电路图、接线图
91			火花间隙 Spark gap	
92			避雷器 Surge diverter；Lightning arrester	
93			多功能电器 Multipie-function switching device 控制与保护开关电器（CPS）（该多功能开关器件可通过使用相关功能符号表示可逆功能、断路器功能、隔离功能、接触器功能和自动脱扣功能。当使用该符号时，可省略不采用的功能符号要素）	电路图、系统图
94			电压表 Voltmeter	电路图、接线图、系统图
95			电度表（瓦时计）Watt-hour meter	
96			复费率电度表（示出二费率）Multi-rate watt-hour meter	
97			信号灯，一般符号 Lamp, general symbol，见注 5	电路图、接线图、平面图、系统图
98			音响信号装置，一般符号（电喇叭、电铃、单击电铃、电动汽笛）Acoustic signalling device, general symbol	
99			蜂鸣器 Buzzer	

序号	常用图形符号		说　明	应用类别
	形式 1	形式 2		
100	□		发电站，规划的 Generating station，planned	总平面图
101	▨		发电站，运行的 Generating station，in service or unslmcltlecl	
102	⊟		热电联产发电站，规划的 Combined electric and heat generated station，planned	
103	▨		热电联产发电站，运行的 Combined electric and heat generated station，in service or unspecified	
104	○		变电站、配电所，规划的 Substation，planned（可在符号内加上任何有关变电站详细类型的说明）	
105	◑		变电站、配电所，运行的 Substation，in service or unspeci-fied	
106	●		接闪杆 Air-termination rod	接线图、平面图、总平面图、系统图
107	—○—		架空线路 Over-head line	总平面图
108	—□—		电力电缆井/人孔 Manhole for under-ground chamber	
109	—⊟—		手孔 Hand hole for underground chainber	
110	▭		电缆梯架、托盘和槽盒线路 Line of cable ladder，cable tray，cable trunking	平面图、总平面图
111	▭		电缆沟线路 Line of cable trench	
112	╱		中性线 Neutral conductor	电路图、平面图、系统图
113	╤		保护线 Protective conducto	
114	╤		保护线和中性线共用线 Combined protective and neutral conductor	
115	⫻╱╤		带中性线和保护线的三相线路 Three-phase wiring with neutral conductor and protective conductor	

序号	常用图形符号		说　　明	应用类别
	形式 1	形式 2		
116			向上配线或布线 Wiring going up-wards	
117			向下配线或布线 Wiring going downwards	
118			垂直通过配线或布线 Wiring passing through vertically	平面图
119			由下引来配线或布线 Wiring from the below	
120			由上引来配线或布线 Wiring from the above	
121	⊙		连接盒；接线盒 connection；Junction box	
122		MS	电动机启动器，一般符号 Motor starter，general symbol	
123		SDS	星形—三角形启动器 Star-delta starter	电路图、接线图、系统图 形式 2 适用于平面图
124		SAT	带自耦变压器的启动器 Starter with auto-transformer	
125		ST	带可控硅整流器的调节—启动器 Starter-regulator with thyristors	
126			电源插座、插孔，一般符号（用于不带保护极的电源插座）Socket outlet（power），general symbol；Receptacle outlet（power），general symbol，见注 6	
127	⅄³	⅄	多个电源插座（符号表示三个插座）Multiple socket out-let（power）	平面图
128	⅄		带保护极的电源插座　Socket outlet（power）with protective contact	
129	⅄		单相二极、三极电源插座 Single phase two or three poles socket outlet（power）	

序号	常用图形符号		说　　明	应用类别
	形式1	形式2		
130			带保护极和单极开关的电源插座 Sockct outlet（power）with protection pole and single pole switch	
131			带隔离变压器的电源插座 Socket outlet（power）with isolaring transformer（剃须插座）	
132			开关，一般符号 Switch, general symbol（单联单控开关）	
133			双联单控开关 Double single control switch	
134			三联单控开关 Triple singlel control switch	
135			n 联单控开关，$n>3$ n single control swith, $n>3$	
136			带指示灯的开关 Switch with pilot light（带指示灯的单联单控开关）	
137			带指示灯双联单控开关 Double Single control switch with pilot light	平面图
138			带指示灯的三联单控开关 Triple single eontrol switch with pilot light	
139			带指示灯的 n 联单控开关，$n>3$ n single control switch with pilot light, $n>3$	
140			单极限时开关 Period limiting switch, single pole	
141			单极声光控开关 Sound and light control switch, single pole	
142			双控单极开关，Two-way single pole switch	
143			单极拉线开关 Pull-cord single pole switch	

序号	常用图形符号		说　明	应用类别
	形式 1	形式 2		
144			风机盘管三速开关 Three-speed fan coil switch	
145	◎		按钮 Push-button	
146	⊗		带指示灯的按钮 Push-button with indicator lamp	
147	◎		防止无意操作的按钮 Push-button protected against unin-tentional operation（例如借助于打碎玻璃罩进行保护）	
148	⊗		灯，一般符号 Lamp，general symbol，见注 7	
149	E		应急疏散指示标志灯 Emergency exit indicating luminaires	
150	→		应急疏散指示标志灯（向右）Emer-gency exit indicating luminaires（right）	
151	←		应急疏散指示标志灯（向左）Emergency exit indicating luminaires（left）	平面图
152	⇄		应急疏散指示标志灯（向左、向右）Emergency exit indicaring lumi-naires（left、right）	
153	✕		专用电路上的应急照明灯 Emer-gency lighting luminaire on special circuit	
154	⊠		自带电源的应急照明灯 Self-con-tainedemergency lighting luminaire	
155	⊢⊣		荧光灯，一般符号 Fluorescent lamp，general symbol（单管荧光灯）	
156	⊢▬⊣		二管荧光灯 Luminaire with two fluorescent tubes	

序号	常用图形符号		说　明	应用类别
	形式 1	形式 2		
157			三管荧光灯 Luminaire with three fluorescent tubes	平面图
158		*n*	多管荧光灯，*n*>3 Luminaire with many fluorescent tubes	
159			单管格栅灯 Grille lamp with one fluorescent tubes	
160			双管格栅灯 Grille lamp with two fluorescent tubes	
161			三管格栅灯 Grille lamp with three fluorescent tubes	
162			投光灯，一般符号 Projector, general symbol	
163			聚光灯 Spot light	
164			风扇；风机 Fan	

注：1. 当电气元器件需要说明类型和敷设方式时，宜在符号旁标注下列字母：EX——防爆；EN——密闭；C——暗装。

2. 当电机需要区分不同类型时，符号"★"可采用下列字母表示：G——发电机；GP——永磁发电机；GS——同步发电机；M——电动机；MG——能作为发电机或电动机使用的电机；MS——同步电动机；MGS——同步发电机一电动机等。

3. 符号中加上端子符号（〇）表明是一个器件，如果使用了端子代号，则端子符号可以省略。

4. □可作为电气箱（柜、屏）的图形符号，当需要区分其类型时，宜在□内标注下列字母：LB——照明配电箱；ELB——应急照明配电箱；PB——动力配电箱；EPB——应急动力配电箱；WB——电度表箱；SB——信号箱；TB——电源切换箱；CB——控制箱、操作箱。

5. 当信号灯需要指示颜色，宜在符号旁标注下列字母：YE——黄；RD——红；GN——绿；BU——蓝；WH——白。如果需要指示光源种类，宜在符号旁标注下列字母：Na——钠；Xe——氙；Ne——氖；IN——白炽灯；Hg——汞；I——碘；EL——电致发光的；ARC——弧光；IR——红外线的；FL——荧光的；UV——紫外线的；LED——发光二极管。

6. 当电源插座需要区分不同类型时，宜在符号旁标注下列字母：1P——单相；3P——三相；1C——单相暗敷；3C——三相暗敷；1EX——单相防爆；3EX——三相防爆；1EN——单相密闭；3EN——三相密闭。

7. 当灯具需要区分不同类型时，宜在符号旁标注下列字母：ST——备用照明；SA——安全照明；LL——局部照明灯；W——壁灯；C——吸顶灯；R——筒灯；EN——密闭灯；G——圆球灯；EX——防爆灯；E——应急灯；L——花灯；P——吊灯；BM——浴霸。

4.1.3 弱电图样的常用图形符号宜符合下列规定：

1. 通信及综合布线系统图样宜采用表 4.1.3-1 的常用图形符号。

表 4.1.3-1　　　　　　　　　　通信及综合布线系统图样的常用图形符号

序号	常用图形符号		说　明	应用类别
	形式1	形式2		
1	MDF		总配线架（柜） Main distribution frame	系统图、平面图
2	ODF		光纤配线架（柜） Fiber distribution frame	
3	IDF		中间配线架（柜） Mid distribution frame	
4	BD	BD	建筑物配线架（柜） Building distributor（有跳线连接）	系统图
5	FD	FD	楼层配线架（柜） Floor distributor（有跳线连接）	
6	CD		建筑群配线架（柜） Campus dlstributor	
7	BD		建筑物配线架（柜） Building distributor	
8	FD		楼层配线架（柜） Floor distributor	
9	HUB		集线器 Hub	
10	SW		交换机 Switchboard	
11	CP		集合点 Consolidation point	
12	LIU		光纤连接盘 Line interface unit	平面图、系统图
13	TP	TP	电话插座 Telephone socket	
14	TD	TD	数据插座 Data socket	
15	TO	TO	信息插座 Information socket	
16	nTO	nTO	n 孔信息插座 Information socket with many outlets，n 为信息孔数量，例如：TO——单孔信息插座；2TO——二孔信息插座	
17	MUTO		多用户信息插座 Information socket for many users	

2. 火灾自动报警系统图样宜采用表4.1.3-2的常用图形符号。

表4.1.3-2　　　　　　　　火灾自动报警系统图样的常用图形符号

序号	常用图形符号		说　明	应用类别
	形式1	形式2		
1	★ 见注1		火灾报警控制器 Fire alarm device	
2	★ 见注2		控制和指示设备 control and indicatmg eqmpment	
3	↓		感温火灾探测器（点型）Heat detector（point type）	
4	↓N		感温火灾探测器（点型、非地址码型）Heat detector	
5	↓EX		感温火灾探测器（点型、防爆型）Heat detector	
6	─↓		感温火灾探测器（线型）Heat detector（line type）	
7	S		感烟火灾探测器（点型）Smoke detector（point type）	
8	SN		感烟火灾探测器（点型、非地址码型）Smoke detector（point type）	
9	SEX		感烟火灾探测器（点型、防爆型）Smoke detector（point type）	平面图、系统图
10	∧		感光火灾探测器（点型）Optical flame detector（point type）	
11	△		红外感光火灾探测器（点型）Infra-red optical flame detector（point type）	
12	⊼		紫外感光火灾探测器（点型）UV optical flame detector（point type）	
13	⊶		可燃气体探测器（点型）Combustible gas detector（point type）	
14	∧S		复合式感光感烟火灾探测器（点型）Combination type optical flame and smoke detector（point type）	
15	∧↓		复合式感光感温火灾探测器（点型）Combination type optical flame and heat detector（point type）	
16	⊟		线型差定温火灾探测器 Line-type rate-of-rise and fixed temperature detector	

序号	常用图形符号		说　明	应用类别
	形式1	形式2		
17	-[S]-		光束感烟火灾探测器（线型，发射部分）Beam smoke detector（line type，the part of launch）	
18	-[S]-		光束感烟火灾探测器（线型，接受部分）Beam smoke detector（line type，the part of reception）	
19	[S↓]		复合式感温感烟火灾探测器（点型）Combination type smoke and heat detector（point type）	
20	-[S↓]-		光束感烟感温火灾探测器（线型，发射部分）Infra-red beam line-type smoke and heat detector（emitter）	
21	-[S↓]-		光束感烟感温火灾探测器（线型，接受部分）Infra-red beam line-type smoke and heat detector（receiver）	
22	Y		手动火灾报警按钮 Manual fire alarm call point	
23	Ψ		消火栓启泵按钮 Pump starting button in hydrant	
24	☎		火警电话 Alarm telephone	
25	◎		火警电话插孔（对讲电话插孔）Jack for two-way telephone	
26	Y◎		带火警电话插孔的手动报警按钮 Manual station with Jack for two-way telephone	平面图、系统图
27	⌂		火警电铃 Fire bell	
28	⌂		火灾发声警报器 Audible fire alarm	
29	⌂		火灾光警报器 Visual fire alarm	
30	⌂		火灾声光警报器 Audible and visual fire alarm	
31	⌂		火灾应急广播扬声器 Fire emergency broadcast loud-speaker	
32	☑	Ⓛ	水流指示器（组）Flow switch	
33	Ⓟ		压力开关 Pressure switch	
34	⊙70℃		70℃动作的常开防火阀 Normally open fire damper，70℃ close	
35	⊙280℃		280℃动作的常开排烟阀 Normally open exhaust valve，280℃ close	

序号	常用图形符号		说　明	应用类别
	形式1	形式2		
36	φ 280℃		280℃动作的常闭排烟阀 Normally closed exhaust valve，280℃ open	平面图、系统图
37	φ		加压送风口 Pressurized air outlet	
38	φ SE		排烟口 Exhaust port	

注：1. 当火灾报警控制器需要区分不同类型时，符号"★"可采用下列字母表示：C——集中型火灾报警控制器；
　　　Z——区域型火灾报警控制器；G——通用火灾报警控制器；S——可燃气体报警控制器。

　　2. 当控制和指示设备需要区分不同类型时，符号"★"可采用下列字母表示：RS——防火卷帘门控制器；
　　　RD——防火门磁释放器；I/O——输入/输出模块；I——输入模块；O——输出模块；P——电源模块；
　　　T——电信模块；SI——短路隔离器；M——模块箱；SB——安全栅；D——火灾显示盘；FI——楼层显示盘；
　　　CRT——火灾计算机图形显示系统；FPA——火警广播系统；MT——对讲电话主机；BO——总线广播模块；
　　　TP——总线电话模块。

3. 有线电视及卫星电视接收系统图样宜采用表 4.1.3-3 的常用图形符号。

表 4.1.3-3　　　　　　　有线电视及卫星电视接收系统图样的常用图形符号

序号	常用图形符号		说　明	应用类别
	形式1	形式2		
1	Y		天线，一般符号 Antenna，general symbol	电路图、接线图、平面图、总平面图、系统图
2	⊢(		带馈线的抛物面天线 Antenna，parabolic，with feeder	
3	⊘		有本地天线引入的前端（符号表示一条馈线支路）Head end with local antenna	平面图、总平面图
4	⊘		无本地天线引入的前端（符号表示一条输入和一条输出通路）Head end without local antenna	
5	▷		放大器、中继器一般符号 Amplifier，general symbol（三角形指向传输方向）	电路图、接线图、平面图、总平面图、系统图
6	▷▷		双向分配放大器 Dual way distribution amplifier	
7	◇		均衡器 Equalizer	平面图、总平面图、系统图
8	◇		可变均衡器 Variable equalizer	
9	─A─		固定衰减器 Attenuator，fixed loss	电路图、接线图、系统图
10	A		可变衰减器 Attenuator，variable loss	

序号	常用图形符号 形式1	常用图形符号 形式2	说　明	应用类别
11		DEM	解调器 Demodulator	接线图、系统图 形式2用于平面图
12		MO	调制器 Modulator	
13		MOD	调制解调器 Modem	
14			分配器，一般符号 Splitter, general symbol（表示两路分配器）	电路图、接线图、平面图、系统图
15			分配器，一般符号 Splitter, general symbol（表示三路分配器）	
16			分配器，一般符号 Splitter, general symbol（表示四路分配器）	
17			分支器，一般符号 Tap-off, general symbol（表示一个信号分支）	
18			分支器，一般符号 Tap-off, general symbol（表示两个信号分支）	
19			分支器，一般符号 Tap-off, general symbol（表示四个信号分支）	
20			混合器，一般符号 Combiner, general symbol（表示两路混合器，信息流从左到右）	
21	(TV)	TV	电视插座 Television socket	平面图、系统图

4. 广播系统图样宜采用表4.1.3-4的常用图形符号。

表4.1.3-4　　　　　　　　广播系统图样的常用图形符号

序号	常用图形符号	说　明	应用类别
1		传声器，一般符号 Microphone, general symbol	系统图、平面图
2	注1	扬声器，一般符号 Loudspeaker, general symbol	
3		嵌入式安装扬声器箱 Flush-type loudspeaker box	平面图
4	注1	扬声器箱、音箱、声柱 Loudspeaker box	
5		号筒式扬声器 Horn	系统图、平面图
6		调谐器、无线电接收机 Tuner; radio receiver	接线图、平面图、总平面图、系统图
7	注2	放大器，一般符号 Amplifier, general symbol	

序号	常用图形符号	说　　明	应用类别
8	M	传声器插座 Microphone socket	平面图、总平面图、系统图

注：1. 当扬声器箱、音箱、声柱需要区分不同的安装形式时，宜在符号旁标注下列字母：C——吸顶式安装；R——嵌入式安装；W——壁挂式安装。
　　2. 当放大器需要区分不同类型时，宜在符号旁标注下列字母：A——扩大机；PRA——前置放大器；AP——功率放大器。

5. 安全技术防范系统图样宜采用表 4.1.3-5 的常用图形符号。

表 4.1.3-5 　　　　　　　　　**安全技术防范系统图样的常用图形符号**

序号	常用图形符号		说　　明	应用类别
	形式 1	形式 2		
1			摄像机 Camera	
2			彩色摄像机 Color camera	
3			彩色转黑白摄像机 Color to black and white camera	
4			带云台的摄像机 Camera with pan/tilt unit	
5	OH		有室外防护罩的摄像机 Camera with outdoor protective cover	
6	IP		网络（数字）摄像机 Network camera	
7	IR		红外摄像机 Infrared camera	
8	IR		红外带照明灯摄像机 Infrared camera with light	
9	H	A	半球形摄像机 Hemispherical camera	平面图、系统图
10	R		全球形摄像机 Spherical camera	
11			监视器 Monitor	
12			彩色监视器 Color monitor	
13			读卡器 Card reader	
14	KP		键盘读卡器 Card reader with key-pad	
15			保安巡查打卡器 Guard tour station	
16			紧急脚挑开关 Deliberately-operated device（foot）	
17			紧急按钮开关 Deliberatel-operated device（manual）	

108

序号	常用图形符号		说　　明	应用类别
	形式 1	形式 2		
18			门磁开关 Magnetically operated protective switch	
19			玻璃破碎探测器 Glass-break detector（surface contact）	
20			振动探测器 Vibration detector（structural or inertia）	
21			被动红外入侵探测器 Passive infrared intrusion detector	
22			微波入侵探测器 Microwave intrusion detector	
23			被动红外/微波双技术探测器 IR/M dual-technology detector	
24			主动红外探测器 Active infrared intrusion detector（发射、接收分别为 Tx、Rx）	
25			遮挡式微波探测器 Microwave fence detector	
26			埋入线电场扰动探测器 Buried line field disturbance detector	
27			弯曲或振动电缆探测器 Flex or shock sensive cable detector	平面图、系统图
28			激光探测器 Laser detector	
29			对讲系统主机 Main control module for flat intercom electrical control system	
30			对讲电话分机 Interphone handset	
31			可视对讲机 Video entry security intercom	
32			可视对讲户外机 Video Intercom outdoor unit	
33			指纹识别器 Finger print verifier	
34			磁力锁 Magnetic lock	
35			电锁按键 Button for electro-mechanic lock	

続表

序号	常用图形符号		说　明	应用类别
	形式1	形式2		
36	◇EL◇		电控锁 Electro-mechanical lock	平面图、系统图
37	◎		投影机 Projector	

6. 建筑设备监控系统图样宜采用表4.1.3-6的常用图形符号。

表 4.1.3-6　　　　　　　建筑设备监控系统图样的常用图形符号

序号	常用图形符号		说　明	应用类型
	形式1	形式2		
1	T		温度传感器 Temperature transmitter	
2	P		压力传感器 Pressure transmitter	
3	M	H	湿度传感器 Humidity transmitter	
4	PD	ΔP	压差传感器 Differential pressure transmitter	
5	GE*		流量测量元件（＊为位号）Measuring component, flowrate	
6	GT*		流量变送器（＊为位号）Transducer, flowrate	
7	LT*		液位变送器（＊为位号）Transducer, level	电路图、平面图、系统图
8	PT*		压力变送器（＊为位号）Transducer, pressure	
9	TT*		温度变送器（＊为位号）Transducer, temperature	
10	MT*	HT*	湿度变送器（＊为位号）Transducer, humidity	
11	GT*		位置变送器（＊为位号）Transducer, position	
12	ST*		速率变送器（＊为位号）Transducer, speed	
13	PDT*	ΔPT*	压差变送器（＊为位号）Transducer, differential pressure	

110

序号	常用图形符号		说　明	应用类型
	形式 1	形式 2		
14	⊕ IT *		电流变送器（＊为位号）Transducer, current	
15	⊕ UT *		电压变送器（＊为位号）Transducer, voltage	
16	⊕ ET *		电能变送器（＊为位号）Transducer, electric energy	
17	A/D		模拟/数字变换器 Converter, A/D	
18	D/A		数字/模拟变换器 Converter, D/A	电路图、平面图、系统图
19	HM		热能表 Heat meter	
20	GM		燃气表 Gas meter	
21	WM		水表 Water meter	
22	Ⓜ⋈		电动阀 Electrical valve	
23	Ⓜ⋈		电磁阀 Solenoid valve	

4.1.4 图样中的电气线路可采用表 4.1.4 的线型符号绘制。

表 4.1.4　　　　　　　　　图样中的电气线路线型符号

序号	常用图形符号		说　明
	形式 1	形式 2	
1	——— S ———	—— s ——	信号线路
2	——— C ———	—— c ——	控制线路
3	——— EL ———	—— EL ——	应急照明线路
4	——— PE ———	—— PE ——	保护接地线
5	——— E ———	—— E ——	接地线
6	——— LP ———	—— LP ——	接闪线、接闪带、接闪网
7	——— TP ———	—— TP ——	电话线路

序号	常用图形符号		说　明
	形式1	形式2	
8	──TD──	── TD ──	数据线路
9	──TV──	── TV ──	有线电视线路
10	──BC──	── BC ──	广播线路
11	──V──	── V ──	视频线路
12	──GCS──	── GCS ──	综合布线系统线路
13	──F──	── F ──	消防电话线路
14	──D──	── D ──	50V 以下的电源线路
15	──DC──	── DC ──	直流电源线路
16	⊘		光缆，一般符号

4.1.5 绘制图样时，宜采用表 4.1.5 的电气设备标注方式表示。

表 4.1.5　　　　　　　　　**电气设备的标注方式**

序号	标注方式	说　明
1	$\dfrac{a}{b}$	用电设备标注 a——参数代号 b——额定容量
2	-a+b/c 注1	系统图电气箱（柜、屏）标注 a——参照代号 b——位置信息 c——型号
3	-a 注1	平面图电气箱（柜、屏）标注 a——参照代号
4	a b/c d	照明、安全、控制变压器标注 a——参照代号 b/c——一次电压/二次电压 d——额定容量
5	$a-b\dfrac{c×d×L}{e}f$ 注2	灯具标注 a——数量 b——型号 c——每盏灯具的光源数量 d——光源安装容量 e——安装高度（m） "—"——吸顶安装 L——光源种类，参见表 4.1.2 注5 f——安装方式，参见表 4.2.1-3

序号	标注方式	说 明
6	$\dfrac{a \times b}{c}$	电缆梯架、托盘和槽盒标注 a——宽度（mm） b——高度（mm） c——安装高度（m）
7	a/b/c	光缆标注 a——型号 b——光纤芯数 c——长度
8	a b-c （d×e+f×g） i-jh 注3	线缆的标注 a——参照代号 b——型号 c——电缆根数 d——相导体根数 e——相导体截面（mm²） f——N、PE 导体根数 g——N、PE 导体截面（mm²） i——敷设方式和管径（mm），参见表4.2.1-1 j——敷设部位，参见表4.2.1-2 h——安装高度（m）
9	a-b （c×2×d） e-f	电话线缆的标注 a——参照代号 b——型号 c——导体对数 d——导体直径（mm） e——敷设方式和管径（mm），参见表4.2.1-1 f——敷设部位，参见表4.2.1-2

注：1. 前缀"——"在不会引起混淆时可省略。

　　 2. 灯具的标注见第3.4.1条第3款的规定。

　　 3. 当电源线缆 N 和 PE 分开标注时，应先标注 N 后标注 PE（线缆规格中的电压值在不会引起混淆时可省略）。

4.2 文 字 符 号

4.2.1 图样中线缆敷设方式、敷设部位和灯具安装方式的标注宜采用表4.2.1-1~表4.2.1-3的文字符号。

表 4.2.1-1　　　　　　线路敷设方式标注的文字符号

序号	名　称	文字符号	英文名称
1	穿低压流体输送用焊接钢管（钢导管）敷设	SC	Run in welded steel conduit
2	穿普通碳素钢电线套管敷设	MT	Run in electrical metallic tubing
3	穿可挠金属电线保护套管敷设	CP	Run in flexible metal trough

序号	名称	文字符号	英文名称
4	穿硬塑料导管敷设	PC	Run in rigid PVC conduit
5	穿阻燃半硬塑料导管敷设	FPC	Run in flame retardant semiflexible PVC conduit
6	穿塑料波纹电线管敷设	KPC	Run in corrugated PVC conduit
7	电缆托盘敷设	CT	Installed in cable tray
8	电缆梯架敷设	CL	Installed in cable ladder
9	金属槽盒敷设	MR	Installed in metallic trunking
10	塑料槽盒敷设	PR	Installed in PVC trunking
11	钢索敷设	M	Supported by messenger wire
12	直埋敷设	DB	Direct burying
13	电缆沟敷设	TC	Installed in cable trough
14	电缆排管敷设	CE	Installed in concrete encasement

表 4.2.1-2　　　　线缆敷设部位标注的文字符号

序号	名称	文字符号	英文名称
1	沿或跨梁（屋架）敷设	AB	Along or across beam
2	沿或跨柱敷设	AC	Along or across column
3	沿吊顶或顶板面敷设	CE	Along ceiling or slab surface
4	吊顶内敷设	SCE	Recessed in ceiling
5	沿墙面敷设	WS	On wall surface
6	沿屋面敷设	RS	On roof surface
7	暗敷设在顶板内	CC	Concealed in ceiling or slab
8	暗敷设在梁内	BC	Concealed in beam
9	暗敷设在柱内	CLC	Concealed in column
10	暗敷设在墙内	WC	Concealed in wall
11	暗敷设在地板或地面下	FC	In floor or ground

表 4.2.1-3　　　　灯具安装方式标注的文字符号

序号	名称	文字符号	英文名称
1	线吊式	SW	Wire suspension type
2	链吊式	CS	Catenary suspension type
3	管吊式	DS	Conduit suspension type
4	壁装式	W	Wall mounted type
5	吸顶式	C	Ceiling mounted type
6	嵌入式	R	Flush type

序号	名 称	文字符号	英文名称
7	吊顶内安装	CR	Recessed in ceiling
8	墙壁内安装	WR	Recessed in wall
9	支架上安装	S	Mounted on support
10	柱上安装	CL	Mounted on column
11	座装	HM	Holder mounting

5 图 样 画 法

5.1 一 般 规 定

5.1.1 同一个工程项目所用的图纸幅面规格宜一致。

5.1.2 同一个工程项目所用的图形符号、文字符号、参照代号术语、线型、字体、制图方式等应一致。

5.1.3 图样中本专业的汉字标注字高不宜小于 3.5mm，主导专业工艺、功能用房的汉字标注字高不宜小于 3.0mm，字母或数字标注字高不应小于 2.5mm。

5.1.4 图样宜以图的形式表示，当设计依据、施工要求等在图样中无法以图表示时，应按下列规定进行文字说明：

1. 对于工程项目的共性问题，宜在设计说明里集中说明。

2. 对于图样中的局部问题，宜在本图样内说明。

5.1.5 主要设备表宜注明序号、名称、型号、规格、单位、数量，可按表 5.1.5 绘制。

表 5.1.5　　　　　　　　主 要 设 备 表

5.1.6 图形符号表宜注明序号、名称、图形符号、参照代号、备注等。建筑电气专业的主要设备表和图形符号表宜合并，可按表 5.1.6 绘制。

5.1.6　　　　　　　　　　　主要设备、图形符号表

序号	名称	图形符号	参照代号	型号及规格	单位	数量	备　注

5.1.7　电气设备及连接线缆、敷设路由等位置信息应以电气平面图为准，其安装高度统一标注不会引起混淆时，安装高度可在系统图、电气平面图、主要设备表或图形符号表的任一处标注。

5.2　图号和图纸编排

5.2.1　设计图纸应有图号标识。图号标识宜表示出设计阶段、设计信息、图纸编号。

5.2.2　设计图纸应编写图纸目录，并宜符合下列规定：

1. 初步设计阶段工程设计的图纸目录宜以工程项目为单位进行编写。

2. 施工图设计阶段工程设计的图纸目录宜以工程项目或工程项目的各子项目为单位进行编写。

3. 施工图设计阶段各子项目共同使用的统一电气详图、电气大样图、通用图，宜单独进行编写。

5.2.3　设计图纸宜按下列规定进行编排：

1. 图纸目录、主要设备表、图形符号、使用标准图目录、设计说明宜在前，设计图样宜在后。

2. 设计图样宜按下列规定进行编排。

1）建筑电气系统图宜编排在前，电路图、接线图（表）、电气平面图、剖面图、电气详图、电气大样图、通用图宜编排在后。

2）建筑电气系统图宜按强电系统、弱电系统、防雷、接地等依次编排。

3）电气平面图应按地面下各层依次编排在前，地面上各层由低向高依次编排在后。

5.2.4　建筑电气专业的总图宜按图纸目录、主要设备表、图形符号、设计说明、系统图、电气总平面图、路由剖面图、电力电缆井和人（手）孔剖面图、电气详图、电气大样图、通用图依次编排。

5.3　图　样　布　置

5.3.1　同一张图纸内绘制多个电气平面图时，应自下而上按建筑物层次由低向高顺序布置。

5.3.2　电气详图和电气大样图宜按索引编号顺序布置。

5.3.3 每个图样均应在图样下方标注出图名，图名下应绘制一条中粗横线（0.7*b*），长度宜与图名长度相等。图样比例宜标注在图名的右侧，字的基准线应与图名取平；比例的字高宜比图名的字高小一号。

5.3.4 图样中的文字说明宜采用"附注"形式书写在标题栏的上方或左侧，当"附注"内容较多时，宜对"附注"内容进行编号。

5.4 系 统 图

5.4.1 电气系统图应表示出系统的主要组成、主要特征、功能信息、位置信息、连接信息等。

5.4.2 电气系统图宜按功能布局、位置布局绘制，连接信息可采用单线表示。

5.4.3 电气系统图可根据系统的功能或结构（规模）的不同层次分别绘制。

5.4.4 电气系统图宜标注电气设备、路由（回路）等的参照代号、编号等，并应采用用于系统的图形符号绘制。

5.5 电 路 图

5.5.1 电路图应便于理解电路的控制原理及其功能，可不受元器件实际物理尺寸和形状的限制。

5.5.2 电路图应表示元器件的图形符号、连接线、参照代号、端子代号、位置信息等。

5.5.3 电路图应绘制主回路系统图。电路图的布局应突出控制过程或信号流的方向，并可增加端子接线图（表）、设备表等内容。

5.5.4 电路图中的元器件可采用单个符号或多个符号组合表示。同一项工程同一张电路图，同一个参照代号不宜表示不同的元器件。

5.5.5 电路图中的元器件可采用集中表示法、分开表示法、重复表示法表示。

5.5.6 电路图中的图形符号、文字符号、参照代号等宜按本标准的第 4 章执行。

5.6 接 线 图 (表)

5.6.1 建筑电气专业的接线图（表）宜包括电气设备单元接线图（表）、互连接线图（表）、端子接线图（表）、电缆图（表）。

5.6.2 接线图（表）应能识别每个连接点上所连接的线缆，并应表示出线缆的型号、规格、根数、敷设方式、端子标识，宜表示出线缆的编号、参照代号及补充说明。

5.6.3 连接点的标识宜采用参照代号、端子代号、图形符号等表示。

5.6.4 接线图中元器件、单元或组件宜采用正方形、矩形或圆形等简单图形表示，也可采用图形符号表示。

5.6.5 线缆的颜色、标识方法、参照代号、端子代号、线缆采用线束的表示方法等应符合本标准第 4 章的规定。

5.7 电 气 平 面 图

5.7.1 电气平面图应表示出建筑物轮廓线、轴线号、房间名称、楼层标高、门、窗、墙体、梁柱、平台和绘图比例等，承重墙体及柱宜涂灰。

5.7.2 电气平面图应绘制出安装在本层的电气设备、敷设在本层和连接本层电气设备的线缆、路由等信息。进出建筑物的线缆，其保护管应注明与建筑轴线的定位尺寸、穿建筑外墙的标高和防水形式。

5.7.3 电气平面图应标注电气设备、线缆敷设路由的安装位置、参照代号等，并应采用用于平面图的图形符号绘制。

5.7.4 电气平面图、剖面图中局部部位需另绘制电气详图或电气大样图时，应在局部部位处标注电气详图或电气大样图编号，在电气详图或电气大样图下方标注其编号和比例。

5.7.5 电气设备布置不相同的楼层应分别绘制其电气平面图；电气设备布置相同的楼层可只绘制其中一个楼层的电气平面图。

5.7.6 建筑专业的建筑平面图采用分区绘制时，电气平面图也应分区绘制，分区部位和编号宜与建筑专业一致，并应绘制分区组合示意图。各区电气设备线缆连接处应加标注。

5.7.7 强电和弱电应分别绘制电气平面图。

5.7.8 防雷接地平面图应在建筑物或构筑物建筑专业的顶部平面图上绘制接闪器、引下线、断接卡、连接板、接地装置等的安装位置及电气通路。

5.7.9 电气平面图中电气设备、线缆敷设路由等图形符号和标注方法应符合本标准第3章和第4章的规定。

5.8 电气总平面图

5.8.1 电气总平面图应表示出建筑物和构筑物的名称、外形、编号、坐标、道路形状、比例等，指北针或风玫瑰图宜绘制在电气总平面图图样的右上角。

5.8.2 强电和弱电宜分别绘制电气总平面图。

5.8.3 电气总平面图中电气设备、路灯、线缆敷设路由、电力电缆井、人（手）孔等图形符号和标注方法应符合本标准第3章和第4章的规定。

建筑电气施工图实例

附录二

设 计 说 明

一、设计依据及范围
1. 设计依据：JGJ 16《建筑电气设计技术规程》。
2. 设计范围：配电、照明、共用电视天线系统、防雷接地、电话系统。

二、供电电源
本工程按三级负荷考虑，由室外引入一路380/220V电源，在一层配电室设充电式应急照明灯。
在大堂、走廊及主要出入口处设……
设备安装容量 P_e=37.08kW；补偿容量：24kvar；功率因数 $\cos\varphi \geq 0.9$。

三、配电
1. 配电箱选用PGL-1型配电柜及PGJ1型补偿柜，底边距地1.4m。
2. 照明配电箱、事故照明配电箱均为暗装，下设电缆沟。
3. 照明配电箱、插座选用"厚E系列"产品。
4. 照明灯具型号由甲方自定，安装方式见"图例符号"说明，除自定者外，照明回路均为BV-1.5mm²，插座回路为BV-2.5mm²。
5. 电源进线选用VV29-1KV电力电缆埋地引入，一般电力电缆均为BV-2.5mm²，SC15、DA，所有管线按JD6-420《图集》施工。
6. 穿管规格参见SC15, PA；插座回路为BV-2.5mm²，暗敷。
7. 管线凡遇建筑物伸缩缝、沉降缝、变形缝……

四、共用电视天线系统
本工程设独立的共用电视天线系统，能接收2, 6, 8, 15, 17, 21等频道电视节目，用户电平要求73dB±5dB，电视电缆为SBYFV-75-9, SC25, 暗敷，电视前端箱暗装，底边距地1.4m，电视出线口中心距地0.3m，暗装。

五、电话系统
1. 由市内电话局直接引来20对电话进入一层电话机房，机房内设电话交换机，型号由甲方自定，然后由配线架至各层电话分线箱，1~5对SC15、6~10对SC20。
2. 电话出线口中心距地0.3m，SC40，分支线为RVB-2×0.2穿钢管暗敷。
3. 电话分线箱为暗装，中心距地0.3m。
4. 电话机房接地装置采用40×4镀锌扁钢沿墙四周明敷，凡遇门口等处无法明敷，则埋地敷设，安装高度0.3m，接地装置做法参见 JD10-124《图集》。室外单独设接地板，接地电阻小于4Ω，在图示两处与室外接地系统连接。

六、防雷接地
1. 本工程防雷接地等级为三级，接地电阻≤4Ω。
2. 在屋顶女儿墙上用 $\phi10$ 镀锌圆钢做避雷带，在柱内钢筋 $\phi20$ 以上做形成环形接地网，电源进线处做重复接地。
3. 接地引下线，并利用基础梁内两根 $\phi20$ 以上钢筋通长焊接作防雷引下线，并利用柱内两根 $\phi20$ 以上钢筋通长焊接作防雷引下线。当实测结果不满足要求时，增设接地板，在图示处设测试卡子，处预留接地端子板 $-0.8m$ 处预留引下线+1.8m 处预留测试卡子。
4. 接地电阻要求小于4Ω，当实测结果不满足要求时，增设接地板。
5. 凡突出屋面的金属管道、构件等均应与避雷带可靠焊接。

七、其他
1. 凡土建施工预留套管或过梁者，在施工时与土建密切配合。
2. 本工程为变配电室保护，凡正不带电而当绝缘损坏有可能带电的金属管材、各箱箱体外壳均应可靠接地。
3. 其他未尽事宜，请参见《建筑电气安装工程图集》进行施工与安装。

图 例 符 号

序号	图例	名称	备注
1	■	照明配电箱	
2	□	电话机房配电盘	明装，底边距地1.4m
3	⊠	事故照明配电箱	
4	⊡	电话分线箱	
5	田	电视前端箱	
6	↗	单联单控开关	
7	↗	双联单控开关	
8	↗	三联单控开关	
9	↗	四联单控开关	
10	⊥	双孔十三孔插座	250V,20A,防水型
11	↗	单联双控开关	
12	①	单管日光灯	$\dfrac{40}{2.7}P$
13	⊤	电话出线口	
14	⊤	电视出线口	
15	—	单管日光灯	

序号	图例	名称	备注
16	▭	双管日光灯	$\dfrac{2\times40}{2.7}P$
17	①	半球式吸顶灯	$\dfrac{60}{S}$
18	②	防爆灯	
19	③	花灯	BSD $\dfrac{60}{S}$ $\dfrac{3\times60}{2.7}P$
20	◑	壁灯	$\dfrac{2\times60}{2.2}W$
21	▣	充电式应急照明灯	$\dfrac{30}{2.2}W$，放电时间大于30min
22	—T—	电视电缆	
23	—H—	电话线	
24	—×—	避雷线	
25	—×—	接地线	
26	↗	自动空气断路器	
27	↗	漏电断路器	

图 纸 目 录

图号	图 纸 名 称	规格
电施1	设计说明、图例、图纸目录	
电施2	配电箱系统图、图纸目录	
电施3	低压配电系统图	
电施4	电话配线平面、电话机房接地平面	
电施5	一层照明平面图	
电施6	二层照明平面图	
电施7	三层照明平面图	
电施8	四层照明平面图、电话系统图	
电施9	五层照明平面图、电视系统图	
电施10	一层弱电平面图	
电施11	二层弱电平面图	
电施12	三层弱电平面图	
电施13	四层弱电平面图	
	屋顶防雷接地平面	
	餐厅、汽车库照明平面、配电系统图	

××建筑设计院		××办公楼
定	设计主持人	工程名称
审	定	工种负责人	项 目	设计说明、图例、图纸目录	设计号 93-031
审	核	工种审核人			图别 电施1
校	对	设计制图			日期 93.4

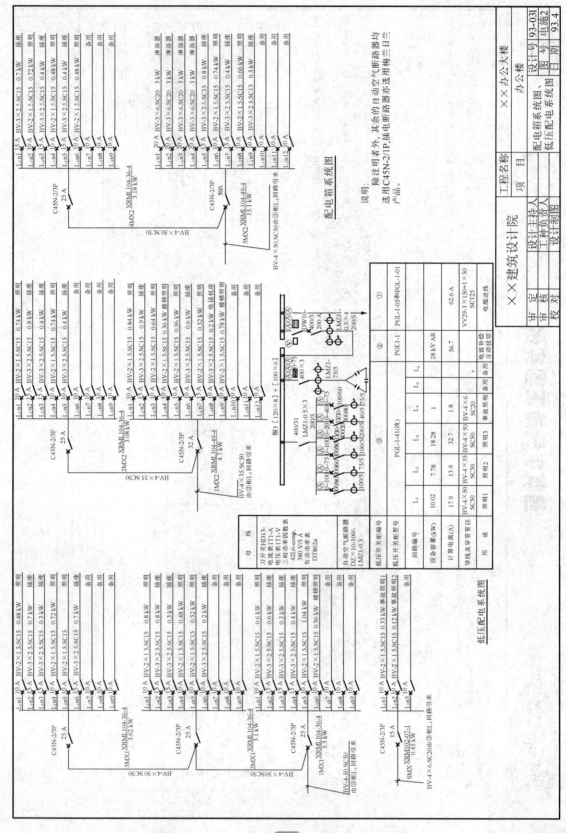

配电箱系统图

低压配电系统图

说明:
除注明者外,其余的自动空气断路器均选用C45N-2/1P,插电断路器亦选用梅兰日兰产品。

工程名称	××办公大楼		设计主持人			设计号	93-031
项 目	办公楼	配电箱系统图、低压配电系统图	工种负责人			图 号	电施2
			设计制图			日 期	93.4
××建筑设计院		审 定		审 核		校 对	

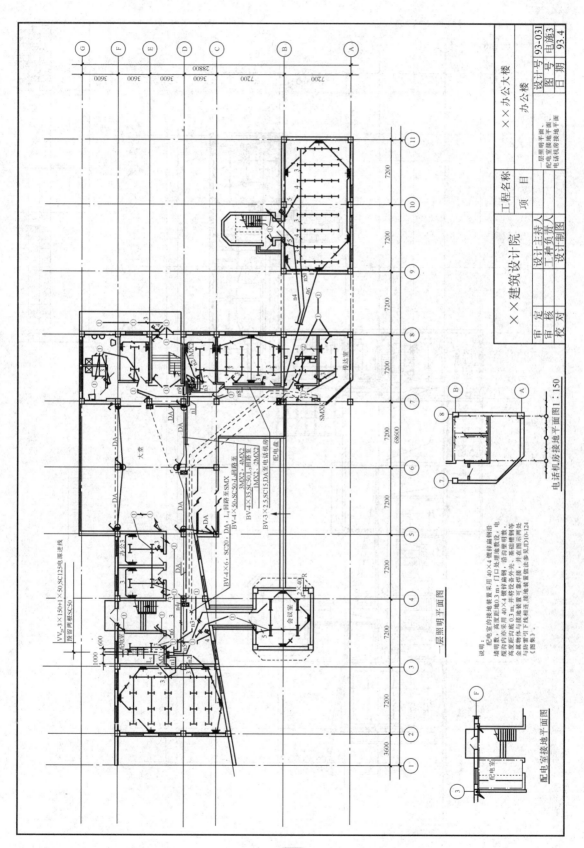

一层照明平面图

电话机房接地平面图 1：150

配电室接地平面图

说明：
1. 配电室的接地装置采用 40×4 镀锌扁钢沿墙明敷，高度距地 0.3m，门口处埋地敷设。电缆沟内亦采用 40×4 镀锌扁钢明敷，高度距沟底 0.3m，并在终段全部与基础槽钢等金属物体与接地装置可靠连接，并在图示两处与防雷引下线相连接地装置做法参见 D10-124 《图集》。

IVV 22-3×150+1×50,SC125电源进线
预留两根SC50

3MX2、4MX2
BV-4×35,SC50L同路至
1MX2、2MX2
BV-3×2.5,SC15,DA至电话机房配电盘

BV-4×6、SC20、DA、L同路至SMX
BV-4×50,SC50L同路至

大堂

配电盘
电话机房

会议室

传达室

办公3

办公室

配电室

×× 建筑设计院

审定
审核
校对
设计主持人
工种负责人
设计制图

工程名称　××办公大楼
项目

一层照明平面
配电室接地平面
电话机房接地平面

设计号　93-031
图号　电施3
日期　93.4

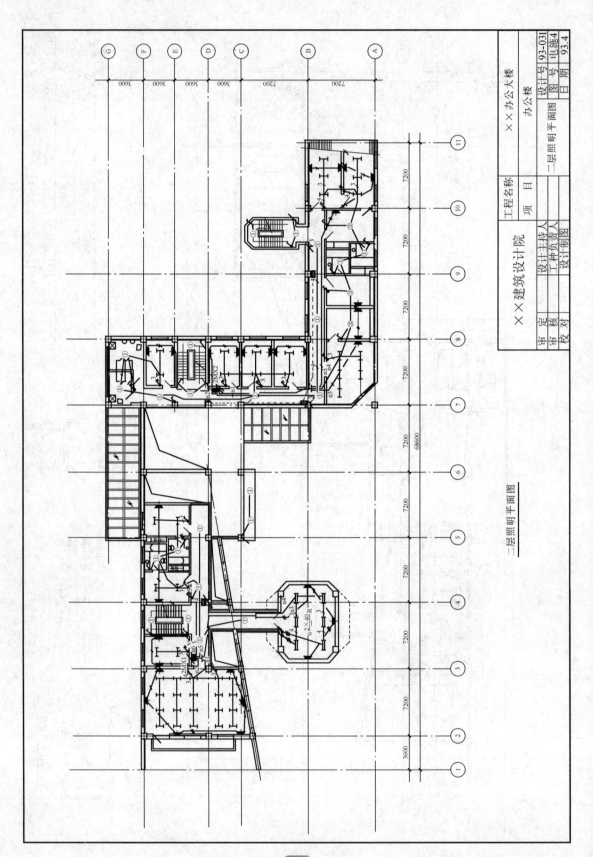

二层照明平面图

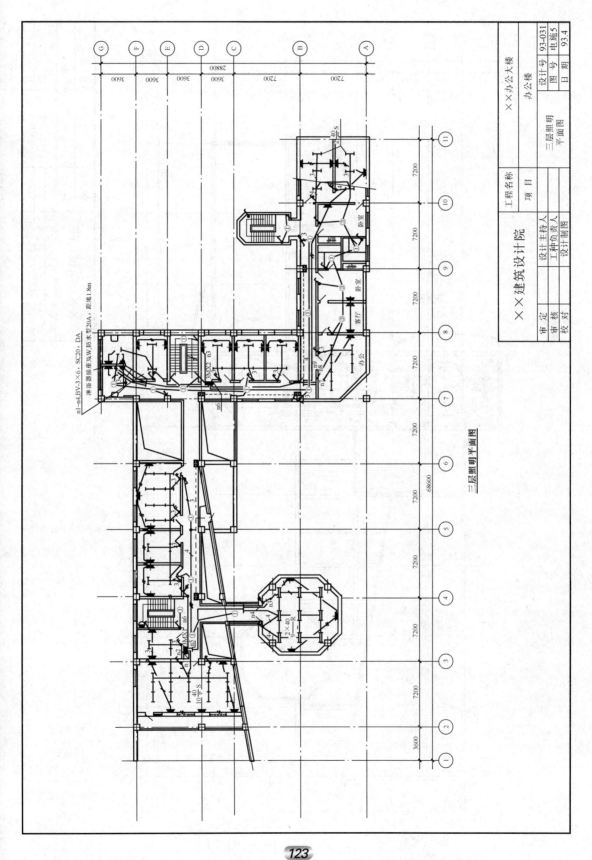

三层照明平面图

n1~n4:BV-3×6，SC20，DA
溶溶器插座3kW,防水型20A，距地1.8m

××建筑设计院		××办公大楼		工程名称	
		办公楼		项 目	
审 定		设计主持人		设计号	93-031
审 核		工种负责人		图 号	电施5
校 对		设计制图		日 期	93.4
		三层照明			
		平面图			

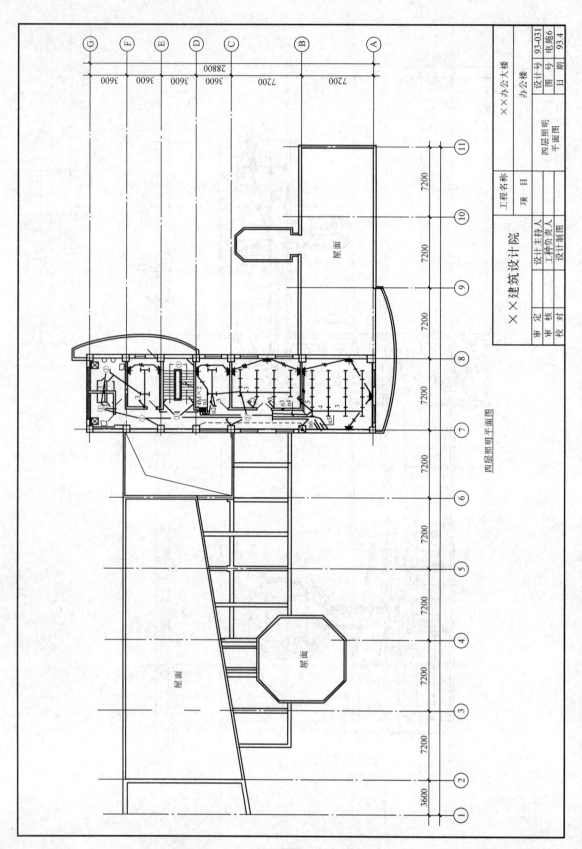

四层照明平面图

××建筑设计院	工程名称	××办公大楼	设计号	93-031
	项 目	办公楼	图 号	电施6
			日 期	93.4
审 定	设计主持人			
审 核	工种负责人	四层照明		
校 对	设计制图	平面图		

28800
3600 3600 3600 3600 3600 7200 7200

7200 7200 7200 7200 7200 7200 7200 7200 7200 3600

G F E D C B A

11 10 9 8 7 6 5 4 3 2 1

屋面 屋面 屋面 屋面

124

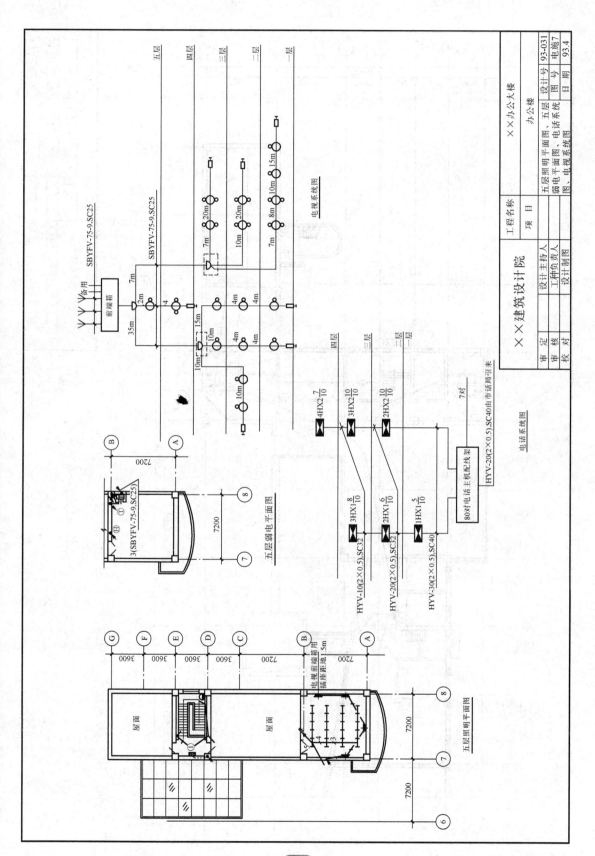

电视系统图

电话系统图

SBYFV-75-9,SC25

SBYFV-75-9,SC25

前端箱

备用

五层

四层

三层

二层

一层

35m

7m

2m

4

15m

10m

4m

4m

10m

10m

4m

4m

7m

10m

7m

20m

20m

8m 10m 15m

四层

三层

二层

一层

4HX2 7/10

3HX2 10/10

2HX2 10/10

3HX1 8/10

2HX1 6/10

1HX1 5/10

HYV-10(2×0.5),SC32

HYV-20(2×0.5),SC32

HYV-30(2×0.5),SC40

7对

80对电话主机配线架

HYV-20(2×0.5),SC40由市话局引来

五层弱电平面图

3(SBYFV-75-9,SC25

B

A

7200

7200

8

7

五层照明平面图

屋面

屋面

电视前端箱备用
插座距地 .5m

G 3600 F 3600 E 3600 D 3600 C 7200 B 7200 A

7200

7200

8

7

6

××建筑设计院

审定　　设计主持人
审核　　工种负责人
校对　　设计制图

工程名称　　××办公大楼
项目　　办公楼

五层照明平面图、五层
弱电平面图、电话系统
图、电视系统图

设计号 93-031
图号 电施7
日期 93.4

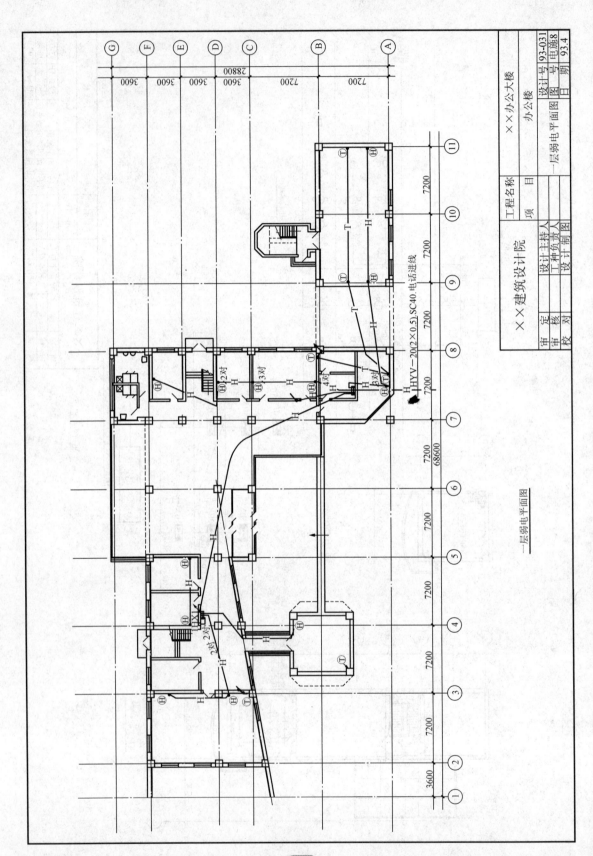

一层弱电平面图

工程名称	××办公大楼	
项　目	办公楼	设计号 93-031
	一层弱电平面图	图号 电施8
		日期 93.4

××建筑设计院		
审 定	设计主持人	
审 核	工种负责人	
校 对	设计制图	

126

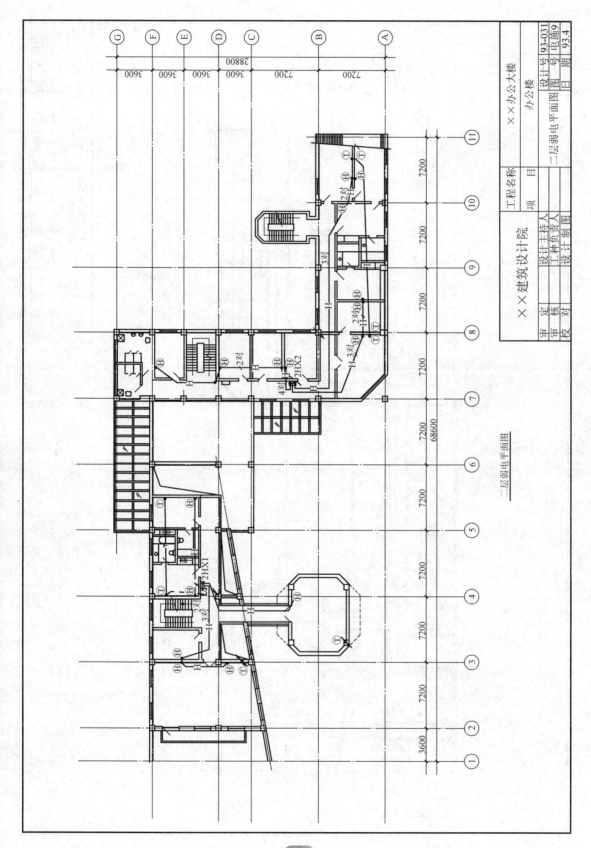

二层弱电平面图

工程名称		××办公大楼	
项	目	办公楼	
	设计主持人	设计号	93-031
	工种负责人	图 号	电施9
	设计制图	日 期	93.4

××建筑设计院

二层弱电平面图

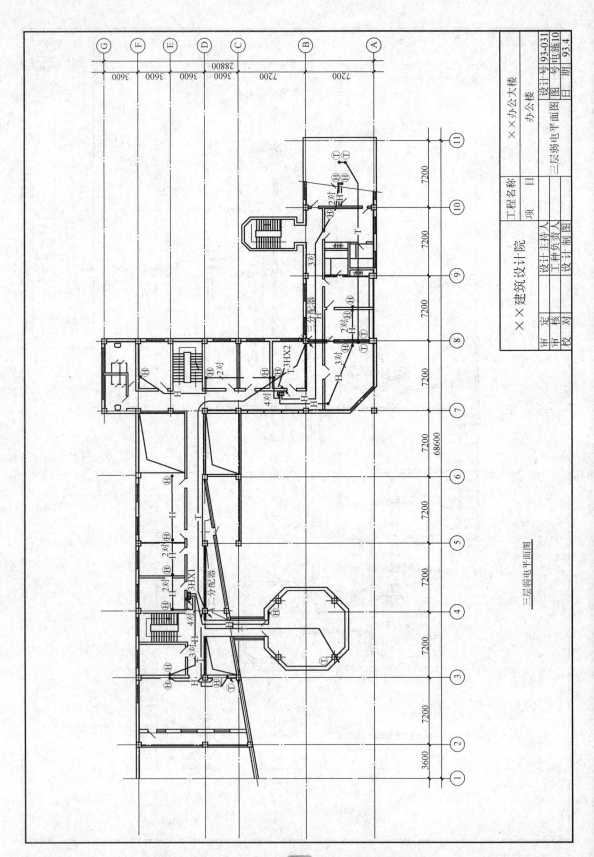

三层弱电平面图

××建筑设计院	工程名称	××办公大楼		
	项 目	办公楼		
审 定	设计主持人		设计号	93-031
审 核	工种负责人	三层弱电平面图	图 号	电施10
校 对	设计制图		日 期	93.4

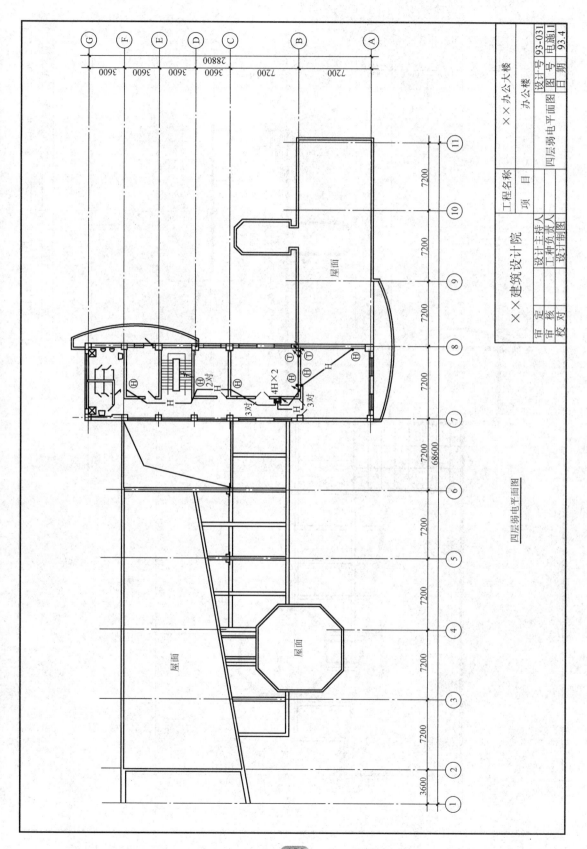

四层弱电平面图

××建筑设计院		工程名称	××办公大楼
		项 目	办公楼
审 定	设计主持人	四层弱电平面图	设计号 93-031
审 核	工种负责人		图 号 电施11
校 对	设计制图		日 期 93.4

129

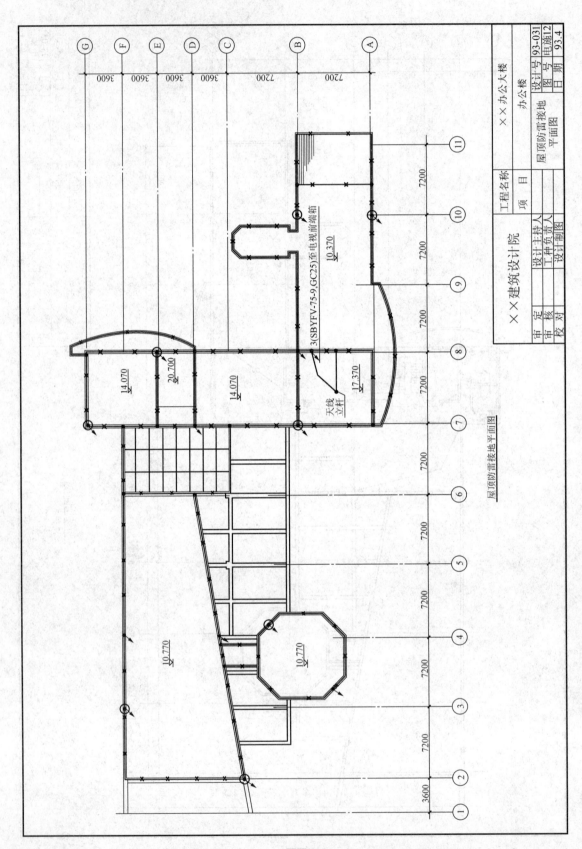

屋顶防雷接地平面图

工程名称	××办公大楼	设计号	93-031
项 目	办公楼	图 号	电施12
		日 期	93.4

××建筑设计院

审 定		设计主持人	
审 核		工种负责人	
校 对		设计制图	屋顶防雷接地平面图

3(SBYFV-75-9,GC25)至电视前端箱

天线立杆

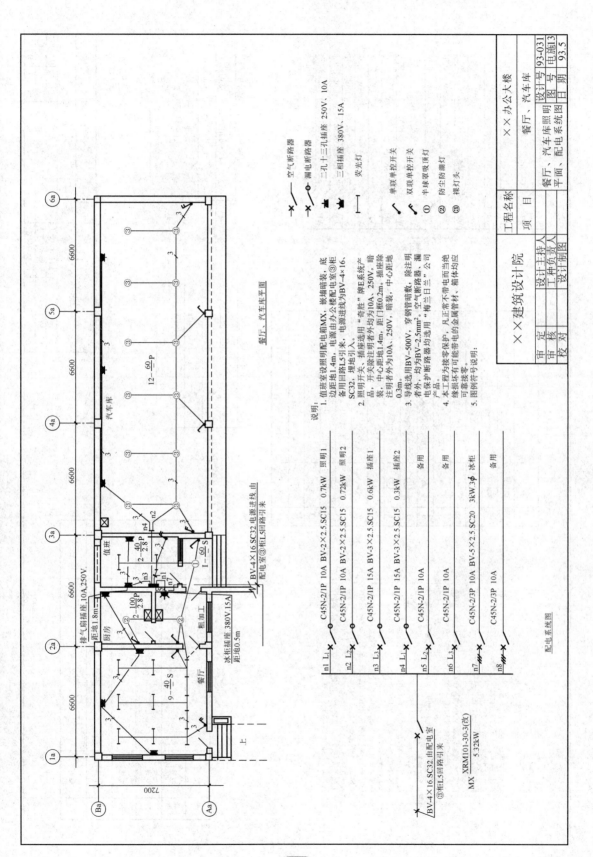

餐厅、汽车库平面

说明：
1. 值班室设照明配电箱MX，嵌墙暗装，底边距地1.4m。电源由办公楼配电室③柜备用回路L5引来。电源进线为BV-4×16.SC32，埋地引入。
2. 照明开关"奇胜"牌E系列产品，开关距离注明者外均为10A、250V，暗装，中心距地1.4m。距门框0.2m。插座除注明者外为10A、250V，中心距地0.3m。
3. 导线选用BV-500V，穿钢管暗敷，除注明者外，均为BV-2.5mm²。空气断路器、漏电保护器均选用"梅兰日兰"公司产品。
4. 本工程为接零保护，凡正常不带电而当发生绝缘损坏时有可能带电的金属管体均应可靠接零。
5. 图例符号说明：

空气断路器
漏电断路器
二孔十三孔插座 250V、10A
三相插座 380V、15A
荧光灯
单联单控开关
双联单控开关
① 半球罩吸顶灯
② 防尘防潮灯
③ 裸灯头

n1 L₁	✕	C45N-2/1P 10A BV-2×2.5.SC15	0.7kW	照明
n2 L₂	✕	C45N-2/1P 10A BV-2×2.5.SC15	0.72kW	照明2
n3 L₃	✕	C45N-2/1P 15A BV-3×2.5.SC15	0.6kW	插座1
n4 L₁	✕	C45N-2/1P 15A BV-3×2.5.SC15	0.3kW	插座2
n5 L₂	✕	C45N-2/1P 10A		备用
n6 L₃	✕	C45N-2/1P 10A		备用
n7	✕	C45N-2/3P 10A BV-5×2.5.SC20	3kW.3φ	冰柜
n8	✕	C45N-2/3P 10A		备用

MX XRM101-30-3(改)
5.32kW

BV-4×16 SC32 由配电室
③柜L5回路引来

配电系统图

××建筑设计院

审 定		设计主持人		工程名称	××办公大楼		
审 核		工种负责人		项 目	餐厅、汽车库		
校 对		设计制图		餐厅、汽车库照明 平面、配电系统图	设计号	93-031	
					图 号	电施3	
					日 期	93.5	

设 计 说 明

一、设计依据
设计依据是《建筑电气设计技术规程》。

二、设计内容
设计内容为配电、电话系统、电视系统。

三、配电
由室外引来一路380/220V电源进入MX配电箱，经配电箱出至各用电点。未注明导线均为BV-500-2.5mm²线。所有管线穿SC15。一律暗敷。开关、插座、各出线口均选用"奇胜"产品，未注明插座安装、底边距地0.3m，插座、开关250V、10A，未注明插座灯具选型由甲方自理。

四、电话系统
由室外引来HYV-20(2×0.5)SC40进入电话配线箱。电话分支线选用RVS-2×0.2，1～4对，SC15：5～6对，SC20：均暗敷。

五、电视系统
在屋顶设一共有电视天线系统。电视引上线选用SBYFV-75-9，SC25，支线选用SBY-FV-75-5，SC20，均暗敷。用户电平要求73dB±5dB。

六、其他
电源引入处需作重复接地，凡未说明而又与施工有关的内容请参见《建筑电气安装工程图集》有关内容。

补 充 图 例

序号	符号	名称	备注
1	□MX	总配电箱	底边距地1.0m暗装
2	■HX	电话配线箱	
3	□TX	电视前端箱	
4	■	宿舍内配电箱	底边距地1.6m暗装
5	◕	单相三孔+二孔插座	250V 10A
6	◕	单相三孔插座	250V 15A
7	Ⓓ	电话出线口	底边距地0.3m
8	Ⓣ	电视出线口	底边距地0.3m
9	○	灯具	甲方自理
10	┤├	荧光灯	甲方自理
11	⊙	防爆灯	甲方自理
12	◐	壁灯	
13	✗	空气开关	C45N
14	SC	镀锌钢管(G)	
15	◦✗	漏电开关	C45NL

图 纸 目 录

MX系统图 79kW

进 VV-4×70 SC100

DZ10-250/330 170A
200/5 Wh
DT862-45A

W1	C45N/3P 15A		5kW 大堂照明	
W2 A	C45NL/1P 15A		1.5kW 插座	
W3 B	C45N/1P 10A		0.84kW 照明	
W4 C	32A BV-2×6 SC20	6.3kW	一层宿舍	
W5 A	60A BV-2×16 SC32	12.6kW	一层宿舍	
W6 B	60A BV-2×16 SC32	11.7kW	二层宿舍	
W7 C	10A	0.72kW	照明	
W8 C	10A	0.8kW	照明	
W9 A	10A		备用	
W10 B	10A		备用	
W11	C45N/3P 10A	1.5kW	锅炉房	
W12	50A BV-3×16+1C SC32 15kW		电热水	
W13	32A BV-3×10+6 SC25	7kW	空调	
W14	32A BV-3×10+6 SC25	7kW	空调	
W15	40A BV-3×16+1D SC32	9kW	电热水	
W16	32A		备用	

单身宿舍配电箱 3.15kW

W1	C45N/1P 10A	0.25kW	照明
W2	C45NL/1F 10A	0.9kW	插座
W3	15A	2kW	空调

C45N/1P 20A

双床宿舍配电箱 5.85kW

W1	C45N/1P 10A	0.5kW	照明
W2	C45NL/1P 15A	1.35kW	插座
W3	15A	2kW	空调
W4	15A	2kW	空调

C45N/1P 32A

××建筑设计院		
审定 定		
审核 核		
校对 对		

工程名称	××企业职工宿舍楼	设计号	93-091
项目	主楼	图号	电施1
设计主持人		日期	93.9
工种负责人			
设计制图		首页	

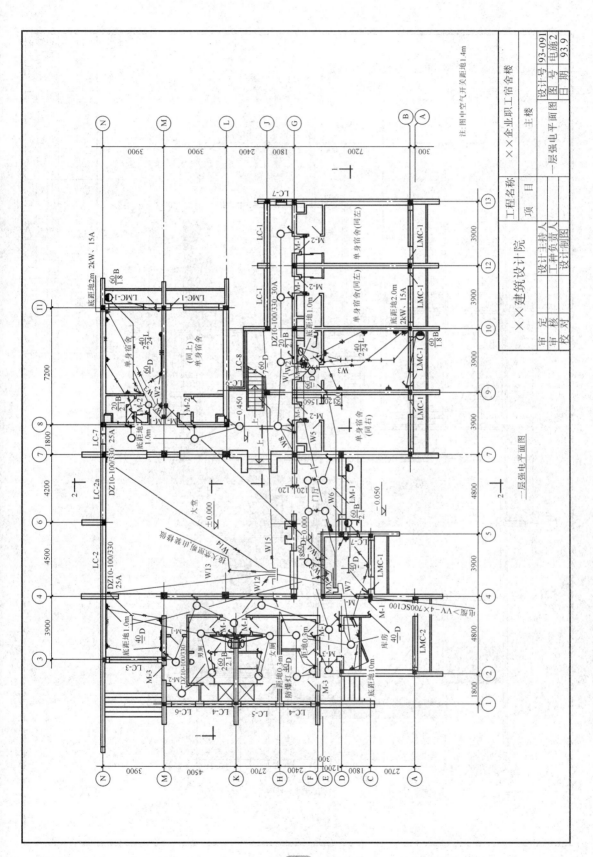

一层强电平面图

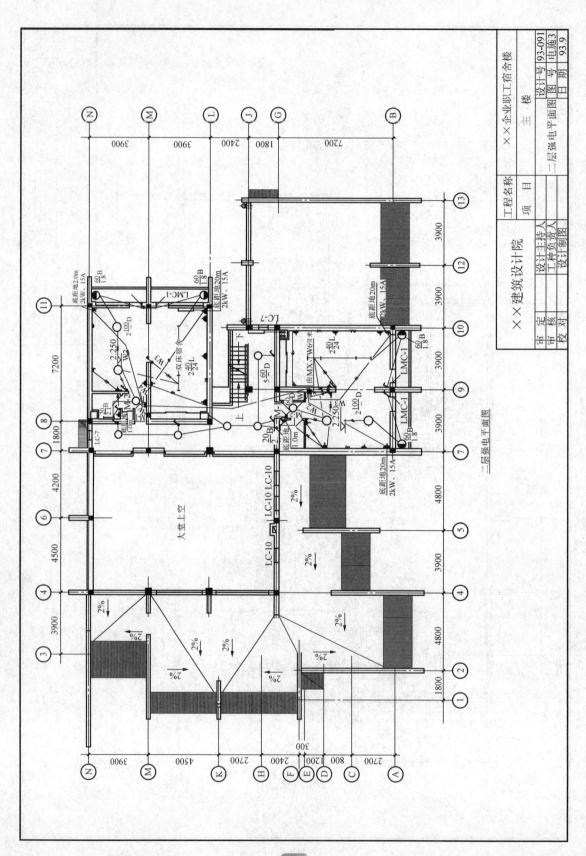

二层强电平面图

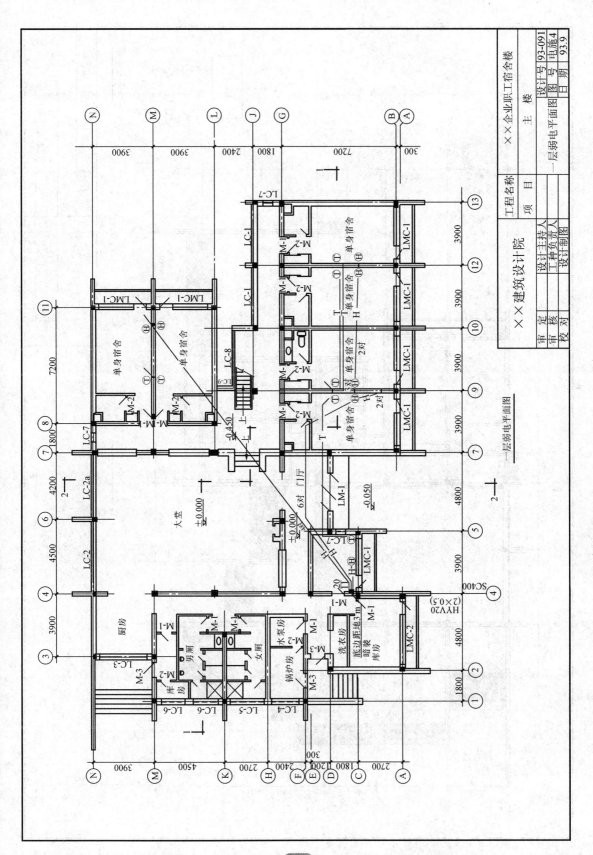

一层弱电平面图

工程名称		××企业职工宿舍楼	设计号	93-091
项 目		主 楼	图 号	电施4
		一层弱电平面图	日 期	93.9

××建筑设计院					
	设计主持人				
	工种负责人				
	设计制图				
审 定					
审 核					
校 对					

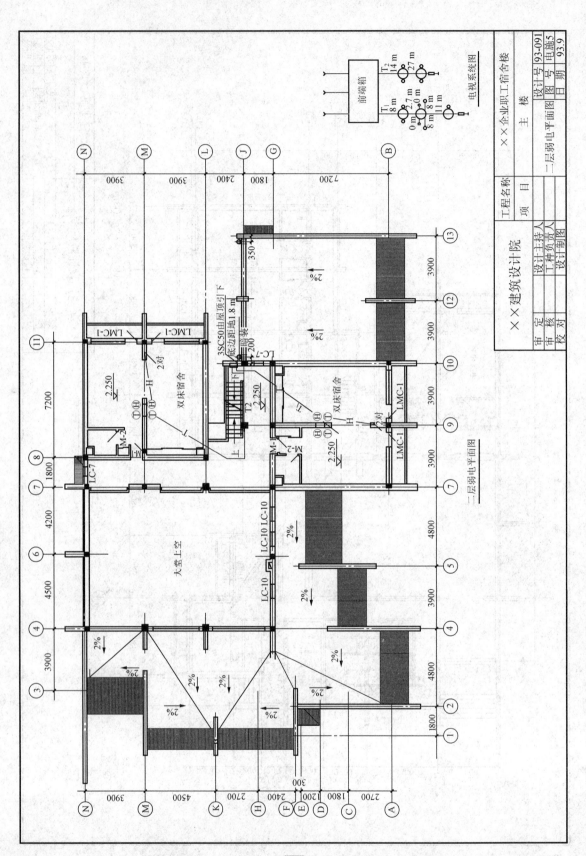

电视系统图

前端箱

T₂ 14 m　27 m
T₁ 8 m　2.7 m 0 m　8 m 11 m
0 m　8 m

二层弱电平面图

双床宿舍 2.250

LMC-1　LMC-1
2对

3SC50由屋顶引下
底边距地1.8 m 暗装
200

LC-7

M-2

大堂上空

LC-10 LC-10
LC-10

2.250
T₂
2.250

双床宿舍 2.250

LMC-1
2对
LMC-1

M-2

LC-7

2% 2% 2% 2% 2% 2% 2%

350
2%
2%

N	3900
M	3900
L	2400
J	1800
G	7200
B	

13　3900
12　3900
10　3900
9　3900
7　4800
5　3900
4　4800
2　1800
1

N 3900 M 4500 K 2700 H 2400 F 1200 E 1800 D C 2700 A
300
7200　4200　4500　3900

××建筑设计院		工程名称	××企业职工宿舍楼
	项 目		主 楼
审 定		设计主持人	设计号 93-091
审 核		工种负责人	图 号 电施5
校 对		设计制图	日 期 93.9
			二层弱电平面图

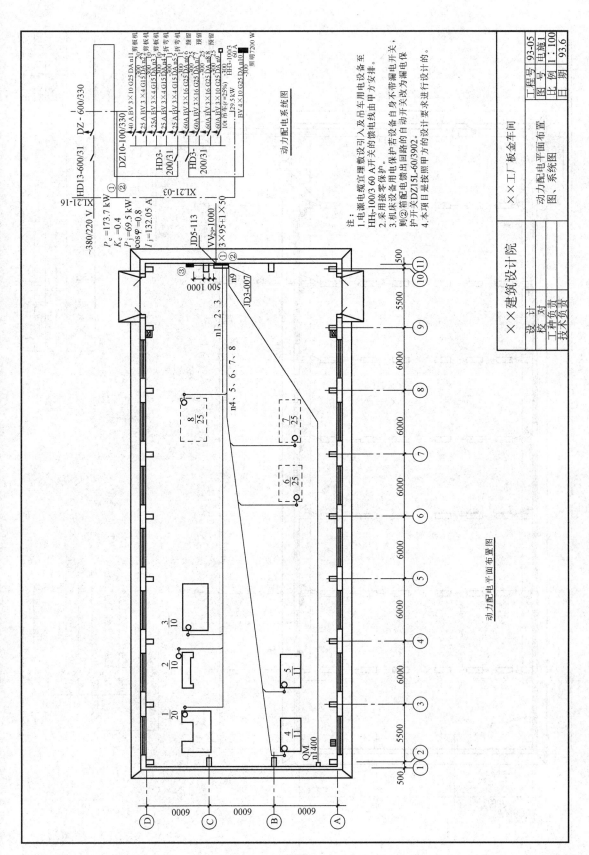

动力配电系统图

~380/220 V

P_c =173.7 kW
K_c =0.4
P_j =69.5 kW
$\cos\varphi$ =0.8
I_j =132.05 A

HD13-600/31 HD13-600/31 DZ-600/330

XL21-16

DZ10-100/330

① ②

HD3-200/31

HD3-200/31

XL21-03

40A BV 3×10 G25 DA n11 剪板机
-300
25A BV 3×4 G15 DA n12 剪板机
-300
25A BV 3×4 G15 DA n13 剪板机
-300
25A BV 3×4 G15 DA n14 折弯机
-300
60A BV 3×16 G25 DA n15 折弯机
-300
60A BV 3×16 G25 DA n16 预留
-300
60A BV 3×16 G25 DA n17 预留
-300
60A BV 3×16 G25 DA n18 预留
-300
HD3-100/3 照明7200 W
60 A
BV 4×10 G25 DA n10
10t 吊 (车率=25%) 29.5 kW

注：
1. 电源电缆宜埋数设引入及吊车用电设备至HH3-100/3 60 A开关的馈电线由甲方安排。
2. 采用接零保护。
3. 机床设备用电馈出回路的自动开关改为漏电保护开关DZ15L-60/3902。
4. 本项目是按照甲方的设计要求进行设计的。

JD5-113
VV$_{20}$-1000
3×95+1×50

③
500 1000
500 1000

① ②
n9
JD3-007

n1、2、3

n4、5、6、7、8

8/25

7/25

6/25

3/10

2/10

1/20

5/11

4/11

QM
n1400

动力配电平面布置图

500
500
5500
6000
6000
6000
6000
6000
6000
5500

① ② ③ ④ ⑤ ⑥ ⑦ ⑧ ⑨ ⑩ ⑪

Ⓐ Ⓑ Ⓒ Ⓓ
6000 6000 6000

××建筑设计院

××工厂钣金车间

动力配电平面布置图、系统图

设　计
校　对
工种负责
技术负责

工程号 93-05
图　号 电施1
比　例 1：100
日　期 93.6

137

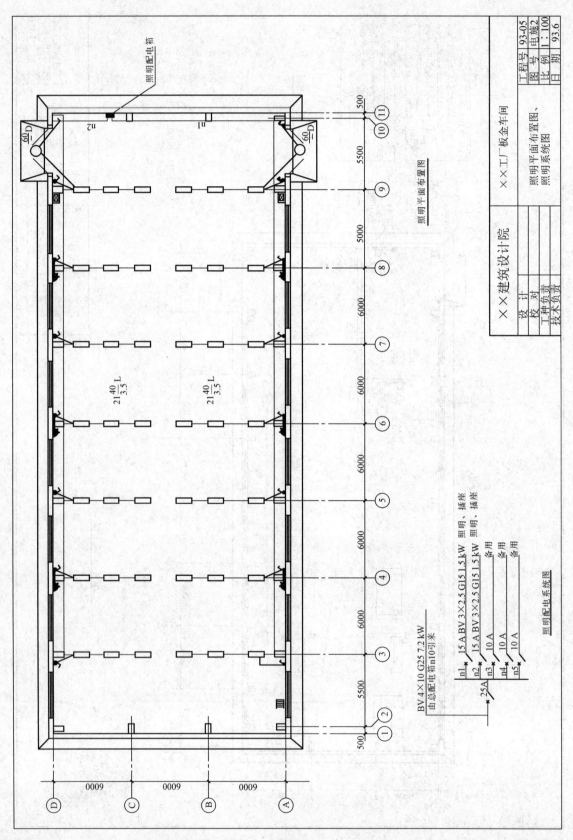

照明平面布置图

照明配电系统图

照明配电箱			

×××建筑设计院	×××工厂板金车间		工程号	93-05
设 计			图 号	电施2
校 对	照明平面布置图、		比 例	1：100
工种负责	照明系统图		日 期	93.6
技术负责				

BV 4×10 G25 7.2 kW
由总配电箱n10引来

25A	n1	15 A BV 3×2.5 G15 1.5 kW	照明、插座
	n2	15 A BV 3×2.5 G15 1.5 kW	照明、插座
	n3	10 A	备用
	n4	10 A	备用
	n5	10 A	备用

138

参考文献

1　高明远，杜一民．建筑设备工程．2 版 ［M］．北京：中国建筑工业出版社，1989.

2　贺天枢．国家标准电气制图应用指南 ［M］．北京：中国标准出版社，1989.

3　清华大学建筑系制图组．建筑制图与识图．2 版 ［M］．北京：中国建筑工业出版社，1995.

4　王国君．电气制图与读图手册 ［M］．北京：科学普及出版社，1995.

5　杨光臣．建筑电气工程图识读与绘制 ［M］．北京：中国建筑工业出版社，1995.

6　柳惠钏，牛小荣，等．建筑工程施工图识读 ［M］．北京：中国建筑工业出版社，1999.

7　中华人民共和国住房和城乡建设部．建筑电气制图标准 ［S］．北京：中国建筑工业出版社，2012.